유사과학 탐구영역

유사과학 탐구영역 4

2020년 6월 12일 초판 1쇄 펴냄
2022년 6월 8일 초판 2쇄 펴냄

지은이 계란계란

펴낸이 정종주
편집주간 박윤선
편집 박소진 김신일
마케팅 김창덕

펴낸곳 도서출판 뿌리와이파리
등록번호 제10-2201호(2001년 8월 21일)
주소 서울시 마포구 월드컵로 128-4 2층
전화 02)324-2142~3
전송 02)324-2150
전자우편 puripari@hanmail.net

디자인 공중정원, 이경란
종이 화인페이퍼
인쇄 및 제본 영신사
라미네이팅 금성산업

© 계란계란, 2020

값 16,000원
ISBN 978-89-6462-139-4 (04400)
        978-89-6462-728-0 (SET)

이 도서의 국립중앙도서관 출판예정도서목록(CIP)은 서지정보유통지원시스템 홈페이지(http://seoji.nl.go.
kr)와 국가자료공동목록시스템(http://www.nl.go.kr/kolisnet)에서 이용하실 수 있습니다.(CIP 제어번호:
CIP2020022412)

유사과학 탐구영역

글·그림 계란계란

4

뿌리와
이파리

• 차례 •

61. 레몬수와 다이어트·8

62. 참숯의 효능·20

63. 천연 비누·36

64. 흑당 버블티·50

65. 미네랄이 사라진다·64

보너스 만화 1 초능력자는 과연 돌연변이일까?·76

66. 디지털 풍화·78

67. 미라클 포토 앱·88

68. 잔류 농약과 칼슘 세척제·102

69. 석류즙과 혈관 건강·114

70. 고체산소 발생기·126

보너스 만화 2 황당한 새벽의 저주·138

71. 혈압에는 볶은 소금을·140

72. 아로마 오일·154

73. 유용미생물·168

74. 코코넛 슈거와 코코넛 오일·182

75. 빙초산과 천연 식초(1): 빙초산·194

보너스 만화 3 기운 센 천하장사~ 무쇠로 만든 사람·208

76. 빙초산과 천연 식초(2): 천연 식초·210

77. GMO(1)·224

78. GMO(2)·238

79. 허위·과장에 대하여·252

80. 사람들이 원하는 것·264

작가 후기·282

유사과학 탐구영역

61. 레몬수와 다이어트

으어…
냉장고에 뭐
마실 거 없당가?

냉장고에
커피 많잖어?

당분 관리하느라
그런 거 못 마신다.

그러고 보니
냉장고에 물이
있던 것 같은데….

음…

응?

다이어트에 그렇게 효과가 좋대요!!

왜…?

레몬수는 지방을 연소시킨다고 그러더라구요!

거기다 면역력 강화, 체질 개선, 피부미용 효과에….

염기성 식품인 레몬은 체질을 알칼리화하고, 나중에는 산성으로 배설돼서 요로 감염도 막아주고요!

하다못해
그 효능이란 것들도
앞뒤가 안 맞으니
더 황당할 노릇이다야.

레몬이 염기성 식품이라
체질을 알칼리화해준다?

그런데 배설될 때는
왠지 모르게 다시
산성으로 변해서
살균 작용으로 요로 감염을
막아준다고?

예에….

어떤 식품의 대사산물이 산성인지 염기성인지에 따라
냅다 그것을 산성 혹은 염기성 식품으로 나누는 것도 이상하고.

?!

어?!

암만 장사하려고
흰소리를 떠든다 해도
최소한 일관성은 있어야지!!

그래서 레몬은 뭔데?
염기성이야, 산성이야?
어떻게 된다는 거야?!

…….

애당초 우리 몸을 알칼리화해야만 한다는 '산성체질론' 자체가 일본에서 유래한 근거 없는 유사과학이고, ※1권 4화-「만성피로와 산성체질」편 참고.

인체의 산/염기 균형은 식품으로 변하지 않습니다.

레몬에 들어 있는 비타민 C는 산성인 데다가 몸에서 사용되지 않고 남은 만큼은 배출되니까 오줌도 다소 산성을 띨 수는 있지.

레몬에 든 구연산은 물과 이산화탄소로 분해되므로 오줌의 산성도에 영향을 끼치지 못한다.

하지만 겨우 그 정도로 요로 감염을 방지하기는 힘들다고.

이놈의 '면역력'은 진짜 아무데나 다 붙는구만. 그리고 레몬수에 비타민 C가 얼마나 있겠냐?

비타민 C는 레몬수를 만들 때 들어간 레몬 슬라이스만큼밖에 없을 거고

레몬 1개(100그램)에 들어 있는 비타민 C의 양은 대략 52밀리그램. 하루 권장량의 50퍼센트 정도죠.

한 통의 레몬수를 한꺼번에 마시지도 않으며 여러 번에 걸쳐 마시게 되니, 그때그때 섭취하는 비타민은 더더욱 줄지.

레몬 슬라이스 10조각을 낸다고 했을 때, 슬라이스 하나가 들어간 레몬수의 비타민 C는 5밀리그램까지 줄어들고요(설령 레몬이 전부 우러나온다고 가정해도).

참고로 파프리카 1개 정도에 비타민 C 하루 권장량(100그램)만큼이 담겨 있습니다.

굳이 따지면, 이런 경우엔 레몬수가 다이어트에 도움이 되겠지.

원체 입이 달아서 밍밍한 물은 못 마시고 달달한 커피나 청량음료를 물 대신 마시는 경우 당분을 과도하게 섭취한다는 문제가 생기는데,

고혈당이나 고혈압 증세가 있을 때 갑자기 음료수를 끊고 물을 마시라고 의사가 권유하면 굉장히 힘들어하거든.

그럴 때 맹물보다는 그나마 청량감과 향기가 있는 레몬수를 마심으로써 당분 섭취를 획기적으로 줄일 수 있지.

즉… 바로 지금의 나 같은 사람에게는 도움이 되는 것이다.

……

그만큼 커피를 덜 마시게 되니까.

그러고 보니 요건 좀 다른 얘기인데, 다이어트할 때 물을 많이 마시는 게 맞나, 아니면 줄여야 하나?

물 섭취를 줄이고 랩으로 몸을 감거나 땀복을 입어서 수분을 배출하라는 말도 있고,

어떤 데서는 오히려 물을 많이 마셔줘야 한다고 말해.

그러게요, 저도 두 가지 주장을 다 들어봤어요.

음...
기본적으로는 물을 충분히
마셔주는 게 좋지.

글쎄, 일단 땀을 빼기 위해
운동을 열심히 하면
도움이 되겠지만,

물을 조금만 마시면
몸에 안 좋을 텐데.

그러면 수분 배출을
강조하는 건 뭐지?

식이요법을 시작하거나
운동을 하면 그만큼 몸에 부담이 가고
노폐물도 만들어지니, 물을 부족하지
않게 마시는 건 중요해.

음...

물론 수분 섭취를 줄이고 땀만 뺀다면야 당연히 빠져나간 수분의 양만큼은 체중이 줄어들겠지만,

그건 그저 일시적인 감소일 뿐 다시 물을 마시면 부족했던 만큼 도로 돌아와버리니까 진짜로 체중이 줄었다고 보기는 힘들지.

!!

신체에 필요한 수분까지 배출해서 일시적으로 체중을 낮춰봤자 아무런 의미도 없어.

그렇군….

아니다. 그게 오히려 도움이 되는 경우가 있긴 있다!

유사과학 탐구영역

62. 참숯의 효능

소고기 무한리필
아이스 헌터

역시 숯불구이는 맛부터가 아주 달라.

얼마 만의 고기 파티니~.

치이이이―

꿀맛이지.

…!

언니, 언니!

?

이것 좀 보세요.
숯불구이가 맛있는 건
대나무숯의 효능 때문이래요!

천연

대나무 100% 숯
사용업소

대나무 생숯의 효능

음이온과 산소공급 작용으로 고기의
육질을 부드럽게 해 줍니다.

원적외선 방사를 통해 겉과 속이 동시에 익어

?

우적
우적
우적

웃기지 말어.
한 번 속지
두 번 속냐?!

저번 돼지껍데기 때처럼
내가 썰 푸는 동안 늬들끼리
싹 먹고 치우려고 그러지?!

※2권 35화—
「콜라겐」편 참고.

예? 아뇨.
어차피 무한리필인데….

23

그런데,

숯불구이가 왠지 가스불이나 전기보다는 좀더 좋다는 인식이 있긴 하잖아?

맞아, 그리고 또 뭐더라…

활성탄이 제습·가습이나, 냄새 제거에 쓰인다고도 하고.

일단 요리할 때 숯이라는 연료는 나무나 가스와는 다른 확실한 장점이 있어.

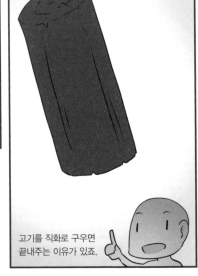

고기를 직화로 구우면 끝내주는 이유가 있죠.

그래?

응.

우선 나무나 가스는 연소하면서 수증기가 만들어져 온도가 분산되지.

CO_2

H_2O

특히 나무는 연소될 때 연기가 나오는데, 이게 몸에 매우 나쁘고.

가스불로 조리할 때에도 발암물질이 나온다는 말이 있는데, 가스가 연소하면 이산화탄소와 수증기만 생성됩니다.

가스불을 쓰건 전기 인덕션을 쓰건 간에 어느 쪽이든 음식이 탈 때 나오는 연기가 해로운 것이니, 환풍기를 틀고 이 연기는 가급적 들이마시지 않는 게 좋습니다.

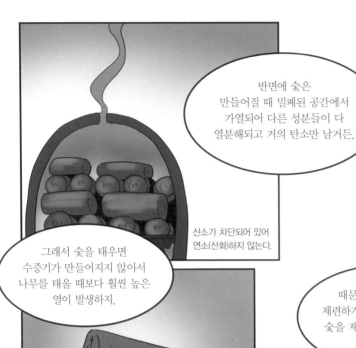

반면에 숯은
만들어질 때 밀폐된 공간에서
가열되어 다른 성분들이 다
열분해되고 거의 탄소만 남거든.

산소가 차단되어 있어
연소(산화)하지 않는다.

그래서 숯을 태우면
수증기가 만들어지지 않아서
나무를 태울 때보다 훨씬 높은
열이 발생하지.

때문에 고대에는 철을
제련하기 위해서 풀무와 함께
숯을 제조할 수 있는 기술이
있어야 했지.

물론 온도 자체는
가스불이 더 높이
올라가지만,

가스불은 대류열과 전도열로
에너지가 전달되는 데 비해,

숯불은 거의
적외선 복사열로
에너지가 나오지.

대류열은 입으로 후후 불면 어느 정도 차단할 수 있지만

밥솥에서 밥을 풀 때 입으로 불어가면서 푸면 안 뜨겁죠.

숯불구이 위에서는 고기 자를때 입으로 암만 불어도 손이 익을듯한 열기를 막을수가 없습니다.

복사열은 아무리 입으로 불어도 차단할 수 없다.

대류열(뜨거운 공기로 전해지는 열)이나 전도열(프라이팬을 통해 전해지는 열)로 고기를 익히면 바깥쪽부터 익혀나가게 되는데,

가스불로 숯불구이와 비슷한 조리를 하려면 화덕이나 오븐이 필요합니다.

숯불구이를 할 때에는 적외선을 많이 통과시키기 위해 가는 철사로 만든 석쇠를 씁니다.

복사열은 고기의 안쪽까지 빠르게 익히다 보니 육즙의 손실이 적을 뿐더러 숯 자체의 향기도 고기 맛을 돋우는 데 한몫 하거든.

즉, 숯불을 쓰면 더 맛있게 구워 먹을 수 있다는 말이지.

그럼 좋은 것 맞지?

그렇지.

요리용 연료로서는 말이야!!

그런데 요즘 갑자기 무슨 참숯의 효능이네 뭐네 하면서 마구 뻥을 튀기는데, 바로 그게 문제라는 거야.

흔하게 도는 이야기들을 하나하나 따져보자고.

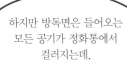

1. 숯은 다공질 구조를 갖고 있어 제습 및 탈취 작용이 탁월하다.

일단 맞는 말이기는 한데…,

특히 활성탄같이 표면적을 더욱 늘리는 처리를 한 숯은 방독면에도 쓰일 만큼 흡착·정화 작용이 탁월하거든.

하지만 방독면은 들어오는 모든 공기가 정화통에서 걸러지는데,

흔히 하는 대로 이렇게 넓은 방 구석에 숯덩이 두세 개를 놓아봤자 같은 효과를 기대하기는 힘들지.

인테리어 용도 이상의 의미가 없다.

밀폐된 옷장이나 수납장, 신발장에 놓을 때의 탈취 효과는 괜찮은 편이다.

2. 숯은 물을 빨아올려 넓은 표면적으로 물이 쉽게 증발하게 해주어 가습기 대용으로도 탁월한 효과를 기대할 수 있다.

말도 안 되는 원리는 아니지만…

이것도 숯 한두 덩이로 가습기만큼의 효과를 얻기는 어렵지.

가습 능력은 물을 얼마나 사용했느냐에 달려 있는데,

일반 가습기는 하룻밤 동안 수리터의 물을 분사하는 데에 반해 '숯 가습기'라고 나오는 것들은 조그만 물그릇에 담긴 물을 쓰는 데도 며칠씩 걸리거든.

세월아 네월아~

…

3. 숯에는 미네랄이 풍부하여 건강에 도움이 된다.

???

황토 때도 그러더니만, 먹지도 않는 숯이나 황토에 미네랄이 들었든 말았든 그게 우리 몸이랑 대체 뭔 상관이래?

……

※3권 48화-
「황토 온수매트」 편 참고.

4. 음이온이…

이제 음이온 마케팅은 정부가 금지한다고 그랬으니까,

또 음이온 운운하면 아주 그냥 신고해버릴 거여!!

5.숯은 양기를 띠고 있어 잡귀를 물리치고 음기를 막는다.

…

샤머니즘?

…

애니미즘?

그래도 뭐 이런 뜬소문들 정도는 양호한 편이지.

거기에 담긴 원리도 아주 거짓말은 아니고.

좀 많이 부풀려져 있긴 하지만.

방 한구석에 숯덩이가 화분마냥 있으면 좀 귀엽고 그렇잖아?

그런가?

그런가?

그런가?

그런데 그런 헛소리가 하나하나 쌓이다 보면, 저런 말도 안 되는 흰소리가 튀어나오거든!

천연 대나무 100% 숯 사용업소

대나무 생숯의 효능

게다가 하이라이트는 이거여. "산소를 공급하여 육질을 부드럽게 합니다?"

숯의 연소는 일종의 산화반응이라 산소를 공급하기는커녕 저 혼자 신나게 소모한다고.

이를테면 산화된 철광석을 제련할 때는 숯을 섞어 가열하는데, 여기서 숯이 불완전연소하여 발생하는 일산화탄소가 철광석의 산소를 빼앗아 순수한 철로 환원시키지.

만약 숯이 산소를 공급한다면 오히려 시뻘겋게 녹슨 철광석으로 되돌아가는 뻘짓이 되는 거여!!

숯이 산소를 뺏지 않고 준다고?

?!

도로 녹슬게 하고 있었다는 거?!

언제는 선풍기가 산소를 빼앗는다 그래놓고, 이번에 숯은 산소를 준다고 그러냐!?

밀폐된 방 안에서 선풍기는 틀어도 안 죽지만 숯을 피우면 죽어요, 이 사람들아!!

…

아~ 잘 먹었다!

아, 맞다.
아까 숯이 산소
뺏어간다는
이야기 말인데….

?

박하사탕

천연 번개탄이 아니고
합성 화학탄이라서
산소를 빼앗는 거 아님?

ㅋㅋㅋㅋ

천연은
몸에 좋잖어~.

빠
직

다음 날….

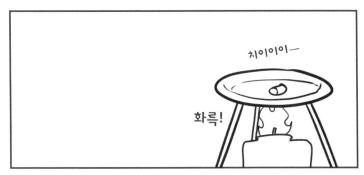

야, 저건 뭔데?! 혹시…

몸에 안 좋은 합성 화학탄 짜샤.

CS

아니, 야! 그건 그냥 농담이었…

갸아아아아—

반동간에— 군가한다.

유사과학 탐구영역

63. 천연 비누

이 만화는 특정 기업이나 상품을 특정하여 서술하거나 묘사하지 않습니다.

한티대학교 제1과학교육관

으음 보자…,
이제 딱 된 것 같은데?

지금까지 실험한
데이터 전부 기록해서
보고서 작성하면
될 거야.

와… 겨우
중화적정 실험 하나가
이렇게 힘들 줄이야.

두
둥
!

엄청 복잡하네요.

뭐든 요령이
중요하지.

난 먼저 들어갈 테니 실험한 것들 정리 잘하고.

예이.

들어가십셔~.

한티대학교 중앙관 옥상 동아리실
(가건물)

두

둥

!

…어라?
왜 또 실험도구?

?

제대로 왔어.

오셨어요?

어? 어어… 난 또 편집 실수로
같은 컷을 다시 그렸나 했네.

그런 실수가
자주 있나봐?

근데 대체 뭘 하길래
이렇게 실험실마냥
거창하게 늘어놨냐?

바람이가 무슨
비누를 만든다고
그러더라고.

후후…

시중에서 파는 비누들은
전부 화학물질이 들어간
화학합성 비누잖아요?

......?

화학… 합성…
비누라고??

그럼요!
그런 공장제
화학합성 비누들이

아토피, 여드름 같은
피부 트러블을 일으킨다고
그러더라구요!

반면
천연수제 비누는!

피부에 전혀 자극을 주지 않는다고 하네요!

아니…, 비누 자체가 '비누화반응'이라는 화학반응으로 만들어지는데, 대체 어떻게 '천연 비누'가 된다는 거?

천연 비누의 재료는!

우선 기능성 성분을 가진 고급 천연 오일이랑 각종 생약과 향료, 그리고…

바로 이 '천연 비누 베이스'를…

야.

스톱.

화학약품은 안 쓴다며.

예?

다른 자잘한 부재료야 그렇다고 치고,

제일 중요한 베이스가 기존 '화학' 비누들이랑 전혀 다를 바가 없잖아!!

아니, 이건 그냥 베이스가 아니고 천연 비누 베이스라서…

천연 베이스는 화학약품이 안 쓰인다?

예에….

어디 한번 그 '천연 비누 베이스'를 만드는 과정을 보자고.

—먼저 천연 오일을 준비해주시고요.

—여기에 가성소다를 녹여서 섞겠습니다.

스톱.

너… 저게 화학약품이 아니면 뭐가 화학약품이야.

…

수산화나트륨
Sodium Hydroxide

화학약품이란 뭔가…

실험실, 공장, 사악한 흰 가루, 정제…. 그런 거 있잖아요.

……

같은 놈을 '수산화나트륨'이라 부르면 화학물질이 되고, '가성소다' 이러면 갑자기 천연물질로 바뀌냐?

그리고 비누 자체가 애초에 비누화반응으로 만들어지는 화합물이어!

비누화반응이란 지방에 강한 염기를 가해서 친수성 부분과 소수성 부분을 함께 갖는 화합물.

$$지방$$
$$강염기$$
$$(R\text{-}COO)_3\text{-}(C_3H_5) + Na\,OH$$
$$\Downarrow$$
$$3R\text{-}COONa + C_3H_5(OH)_3$$
비누
글리세롤 (글리세린)

즉 계면활성제를 만들어내는 것이지!

이걸 화학합성이 아니라 천연 성분이라고 한다면, 대체 뭐가 천연이고 뭐가 화학이냐?

그… 글리세린!

공장제 비누는 글리세린을 죄다 제거해버리기 때문에 보습이 전혀 안 되어서 각질층이 두꺼워지고 피부 트러블이 일어난다는데요.

비누의 목적이 뭐냐?

씻는 거죠….

그래, 비누는 어디까지나 오염을 씻어내는 게 목적이지.

비누에서 글리세린의 역할은 비누 농도와 굳기를 적당하게 유지하는 거야.

기능성 세안제에 따로 포함된 보습 성분의 역할과는 다르지.

글리세린이 많을수록 비누는 물렁해지고 투명해집니다.

비누 회사마다 효율적인 분량을 조절해 넣어 염기성 정도와 비누의 성질을 제각각 결정하죠.

......

몇몇 수제 비누
사용 후기에 보면 세안 후에
피부가 안 땡겨서 좋다는
반응이 있는데,

이는 글리세린이
너무 많아 제대로 안 씻어져서
기름 성분이 남아 있기
때문인 경우가 대다수지.

피부 관리는 비누의 역할이
아니라 세안 이후에 사용하는
로션이나 보습제의 역할인데,

그런 기능을 억지로
비누에 넣어봤자 세안은
세안대로 안 되고 보습은
보습대로 불만족스러울
뿐이지.

비누는 결국 세안제이고,
지방에 염기를 붙이는
화학반응의 산물일
뿐이야.

이걸 갖고 천연이네 인공 화학합성이네 운운하는 건 그저 의미 없는 말장난이다 이거지.

……

비누야말로 화학공업의 대표적인 산물이고, 근대에는 공공위생을 개선하여 인구 증가에 세계적으로 큰 기여를 했지.

이제 와서 여기에 화학이니 합성이니 프레임을 씌우는 건 그 의도가 너무나 불순하다고 할 수밖에 없어!

자기네 비누를 사라는 말이니까!

어디까지나 '수제 비누'는 가능해도 '천연 비누'라는 건 없지!

그럼… 수제 비누에 장점은 없나?

뭐… 향이나 모양, 농도를
마음대로 조절할 수 있으니

취향에 맞는 비누를
만들 수 있다는
장점이 있겠지.

선물용으로도 괜찮고.

일반적인 비누보다
수제 비누가
덜 독하다는 말은?

비누의 독성은 피부 자극성이
얼마나 강하냐…, 주로 염기성이
얼마나 강한가로 결정되지.

공장제 비누는 이 염기성이
일정하도록 품질이 관리되는데,
수제 비누는 아무래도 계량이
정밀하지 못하다 보니

과거에는 오히려
비누화반응을 미처 다 하지
못하고 남은 가성소다 때문에
더 강한 염기성을 가진
비누가 나오기도 했어.

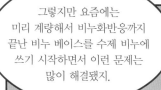

그렇지만 요즘에는 미리 계량해서 비누화반응까지 끝난 비누 베이스를 수제 비누에 쓰기 시작하면서 이런 문제는 많이 해결됐지.

거기에 추가로 글리세린을 비롯해 이런저런 아로마 오일을 섞으니, 일반 비누보다 농도가 더 낮아지는 경향이 있지.

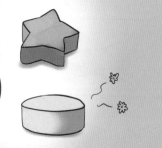

그만큼 세정력은 다소 낮고 피부에 주는 부담은 적은 '순한' 비누가 만들어지는 거야.

피부가 약하거나 민감한 사람들에게는 좋겠지.

하지만 어디까지나 비누의 역할은 '씻어내는 것'이고 그 이상의 효과를 바랄 수 없다는 게 중요해.

비누로 여드름을 치료한다느니 피부 트러블을 치료한다느니…, 그런 건 화장품 혹은 피부약의 역할이지.

생선을 굽고 남은 기름으로
만든 비누에서는 생선 비린내가
난다든지….

유사과학 탐구영역

64. 흑당 버블티

아직도 낮엔 덥네….

오!

저기 이번에 새로 생긴 버블티 전문점인데 밀크티나 한 잔씩 마실까?

지금 칼로리 제한 중이라 설탕 들어간 거 마시면 안 돼요.

십이지장 궤양 때문에 의사가 카페인도 피하라 그러던데.

앗, 혜람이 언니!

?

안녕하세요!
여긴 웬일이세요?

…!!

이거요?
요즘 유행하는
흑당 버블티인데.

으흑…

츄릅

크흑…

헤람이 지금
고혈압이랑 궤양 치료
중이라서 설탕 들어간 건
못 먹는다더라.

!!

이건 설탕이 아니라
흑당이라서
괜찮을 것 같은데….
몸에도 좋대요!

…?!

설탕이…
몸에 좋다고라?

모르시는구나!

이런 효능 있다고
같이 나눠주던데요.

전단지

대체 무슨…

흑당의 효능!

첫째, 성인병과 생활습관병을 예방합니다. 흑당에 함유된 '페닐글리코시드'라는 성분은 당의 흡수를 억제하고 혈당의 급격한 상승을 막아줍니다! 또한 미네랄도 풍부하여 정백당과 달리 성인병 예방, 콜레스테롤 억제 등의 효과를 기대할 수 있습니다!

둘째, 혈압을 낮춥니다. 흑당 100그램에 칼륨은 약 1100밀리그램 정도 함유되어 있는데, 이는 백설탕의 550배에 이릅니다! 이 칼륨이 염분 배출을 촉진하여 혈압을 낮춰줍니다!

셋째, 부종을 예방하고 개선합니다. 풍부한 칼륨이 이뇨작용을 일으켜 몸속의 쓸데없는 수분을 배출시킵니다!

넷째, 기미와 주근깨를 방지합니다. 흑당의 색소 성분인 흑당올리고는 피부를 깨끗하게 해주고, 보습력이 뛰어나 피부에 윤기를 줍니다!

다섯째, 생리통과 수족냉증을 완화합니다. 흑당은 혈의 기운을 보완하여 증상을 개선해줍니다!

이외에도 **피로회복, 골다공증 예방, 빈혈 예방** 등의 효과를 기대할 수 있습니다!

게다가 요즘엔
현대 농법의 부작용 때문에
농산물에 미네랄이 많이
부족하다고 그러더라구요.

그래서 미네랄이
풍부한 흑당으로
보충해줘야 될 것
같아요!

......

너이…

살다 살다 흑설탕이
몸에 좋다는 소리는
또 처음 들어본다.

흑당은
흑설탕하고
달라요!

혼동을 피하기 위해
흑당은 흑설탕 혹은 황설탕과
다르다고 하는데,

정제하지 않은 흑설탕이
곧 흑당이지.

마스코바도 설탕, 오키나와 흑당 등등이
전부 비정제 흑설탕입니다.

아무튼 정제를 거치지
않았기에 미네랄이나
식이섬유가 살아 있다고 해요.

농산물에서 점점 미네랄이
줄어들고 있기 때문에
이런 데에서 최대한
섭취해줘야 된대요!

토양의 미네랄이
고갈되어서!!

……

척!

그건 뭐예요?

요것은 '표준식품성분표'라는 것이다.

국가에서 정기적으로 여러 농축산물과 식재료의 성분을 분석해서 정리하거든.

…!

요즘 농산물에는 미네랄이니 비타민이 사라져서 음식으로는 섭취할 수 없다며 건강장사꾼들이 떠들어대는 이 시대에 가장 필요한 자료지!

아무리 장사가 중요하다지만,

20년 전이나 지금이나 다름없이 멀쩡한 식품에서 미네랄이 사라진다며 자기네 영양제를 팔아먹는 건 도의적으로 문제가 있지 않겠냐.

Index No.	Food and Description	무기질 Minerals											
		칼슘 CA mg	철 FE mg	마그네슘 MG mg	인 P mg	칼륨 K mg	나트륨 NA mg	아연 ZN mg	구리 CU mg	망간 MN mg	셀레늄 SE μg	몰리브덴 MO μg	요오드 ID μg
571	가지, 생것 Eggplant(Solanum melongena L.), Raw	16	0.26	15	35	232	0	0.55	0.043	0.118	0	4.59	0
572	가지, 말린것 Eggplant(Solanum melongena L.), Dried	235	3.47	227	496	3471	13	2.89	0.892	1.625	2.42	75.27	1.82

위가식품성분표 제9개정판(2016년).
오른쪽이 제4개정판(1991년)입니다.

식품 번호 Item No.	식 품 명 Food and Description	영 명 English Name	가 식 부 1000당					
			에너지 Energy kcal	수분 Moisture %	단백질 Protein g	지질 Fat g	탄수화물 Carbohydrates		회분 Ash g
							당질 Non-fibrous g	섬유소 Fiber g	
	가 지	Egg plant							
250	생 것	Raw	32	93.3	1.2	0.4	5.9	0.9	0.3
251	말 린 것	Dried	241	13.1	7.3	1.7	58.6	13.7	5.6

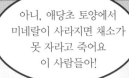

아니, 애당초 토양에서 미네랄이 사라지면 채소가 못 자라고 죽어요 이 사람들아!

어? 흑설탕 100그램당 칼륨이 94밀리그램이나 들어 있는데 제법 많은 편 아닌가요?

양파가 145밀리그램이니까.

딴청

왜냐하면 설탕은 말려서 가루를 내놓은 것이니까 그렇지.

당장 거기 보면 양파 '생것'이 아니라 '말린 것'은 1726밀리그램까지 뛰지?

농도 = 질량(ㅈ)/부피(ㅂ)

'농도=즙'으로 외우면 편하다.

근데 꼴랑 칼륨 94밀리그램을 섭취하겠다고 흑설탕을 100그램이나 먹겠니?

각설탕 스무 개 2100킬로칼로리

흑당 버블티 400그램을 기준으로 흑설탕은 40그램이나 들어가는데, 그럼에도 섭취되는 칼륨은 꼴랑 38밀리그램에 지나지 않지.

그렇네요….

꿀도 그렇고 설탕이나 소금 같은 조미료에서 영양소를 찾는 것만큼 미련한 짓도 없어야.

※2권 23화-「액상과당」편, 3권 50화-「천일염」편 참고.

정제염에 비해 미네랄이 많다고 선전하는 천일염도 95퍼센트가 염화나트륨이며 다른 미네랄은 5퍼센트에 불과하다.

흑당이 우리나라에서 뜨기 전에도 이미 설탕 산지에서는 사탕수수 주스를 일상적으로 팔고 소비했는데,

왜 그게 건강식품으로 각광받질 못했겠냐?!

게다가 흑당에 포함되어 있다는 페닐글리코시드는 식물 성분의 일종인데 흑설탕 고유의 것도 아닐 뿐더러

설탕이 주는 심혈관계 부담을 줄일 정도로 양이 충분하지도 않다고.

그렇구나….

항산화니 하는 흰소리도 마찬가지고, 게다가 보습 효과를 통한 피부 개선은 또 뭐니?

효과를 보려면 먹지 말고 피부에 양보하든가 해야지.

엇, 그건 좀….

한 시대를 풍미했던 광고 카피.

먹지 마세요~
피부에 양보하세요~

오히려 더 몸에 해롭다는 말도 있던데.

캐러멜 색소랑 캐러멜화랑 헷갈려서 그럴 텐데요.

황설탕으로 캐러멜화될 때 발암물질이 나올 걱정은 없대요.

설탕 자체의 유해성은 흑당이나 백당이나 똑같죠.

그러니까 이런 흑당은 사탕수수 본연의 풍미를 살린 기호식품일 뿐이지 건강식품이 아니라는 말이다!!

턱!

본래 홍차나 요리에 들어가는 설탕은 음식의 풍미를 방해하지 않도록 최대한 정제해서 만든 백설탕이 고급으로 여겨졌는데,

최근 그 자체의 풍미가 살아 있는 흑설탕이 오히려 인기몰이를 하고 있으니 아이러니한 일이지!

옛날이었다면 오히려 훨씬 저급품이었을 이 흑설탕…, 흑설탕 따위…

뭐여 그게.

설탕이 무슨
사람을 가리나?

그렇군요!

너는 뭘 또
납득하고 있어?!

말이 안 되잖아.

지금 그걸로
상황 종료된 거야?

그럼
전 가볼게요~.

대중은…
생각하지 않는다네.

유사과학 탐구영역

65. 미네랄이 사라진다

뭐하세요?

농업에서 땅에 쌓이는 무기염류의 집적과 그 영향에 대한 레포트 자료를 정리하는 중이다.

언니, 큰일났어요!

?!

특히 하우스 농업은 비로 씻겨 내려가는 것도 기대할 수 없으니까 그 영향이…

또 왜?

그동안 건강하게 비타민이나 미네랄을 챙기려면 채소랑 과일도 골고루 챙겨 먹어야 된다고 했잖아요?

그런데 현대로 올수록 점점 토양의 미네랄이 고갈이 되어서…

채소나 과일을 먹어도 미네랄을 섭취할 수가 없다고 하더라구요!!

아니, 지금 토양에 무기염류가 쌓이는 문제로 골머리를 앓고 있는데, 이건 또 무슨 참신한 흰소리야.

…?

미네랄은 토양에 있다가 식물들에 의해 추출되고 우리는 식물을 먹어서 그걸 섭취하는데,

신체의 필수요소라서 항상성을 유지하고, 각종 효소를 활성화하고, 신호전달에도 사용되고, 아무튼 엄청나게 중요한 거잖아요?

토양의 미네랄은 더욱 빠르게 고갈되어서 지금 생산되는 농작물들은 거의 아무런 영양소도 없는 빈 쭉정이라고 해요!

그래서 채소나 과일을 섭취한다고 해도 우리 몸에 필요한 성분을 얻을 수 없으니,

반드시 보조 영양제로 보충해줘야만 한대요!!

*IU(아이유): 국제단위(International Unit). 호르몬, 비타민, 미네랄 등에서 인체에 효력을 발생시킬 수 있는 만큼의 양을 나타낸 것. 절대량이 아니며 물질에 따라 다르다. 비타민 C의 경우 1IU는 약 50마이크로그램에 해당한다.

시금치의 비타민 A는 50년대에 8000IU*였던 게 현재 1700IU까지 줄어 무려 21퍼센트밖에 남지 않았고, 비타민 C도 150밀리그램에서 8밀리그램까지 줄었다네요!

셀러리의 비타민 C는 50년 사이에 30밀리그램에서 7밀리그램까지 4분의 1 이하로 감소!! 토마토의 비타민 A도 400IU에서 220IU까지 반으로 감소했대요!

스윽

그렇기에 이제 현대인은 영양제를 섭취하지 않고선 건강을 유지할 수가…

......?

쿵!

67

		비타민 Vitamins								
Index	베타카로틴	비타민 D	비타민 E	비타민 K₁	비타민 B₁	비타민 B₂	니아신	판토텐산	비타민 B₆
	CARTB	VITD	VITE	VITK1	THIA	RIBF	NIA	PANTAC	PYRXN
	µg	µg	mg	µg	mg				mg
	7051	0	1.63	449					

			(per 100g edible)						
식품번호 Item No.	식 품 명 Food and Description	영 명 English Name	무 기 질 Minerals						
			칼슘 Cal-cium mg	인 Phos-horus mg	철 Iron mg	나트륨 Sodium mg	칼륨 Potas-sium mg	A Total / Retinol / Carotene	B₁ Thia-min mg
370	시 금 치 생 것	Spinach Raw	41	29	2.6	–	–	9100	0.12

비타민 A 1IU=베타카로틴 0.6마이크로그램

야, 진짜 네 말대로 농작물에서 미네랄과 비타민이 싹 없어졌다면

그 많은 종자개량연구소나 농업연구소에서 벌써 난리가 났겠지!

게다가 미네랄이 부족한 채소… 자체가 말이 안 된다고!

그래요?

생각을 해봐라. 식물이 땅에서 아득바득 영양분을 추출하는 게 인간을 위해서겠냐?

당연히 스스로 성장하려고 모으는 거지.

토양에 미네랄이 부족하면 미네랄이 부족한 채소가 자라는 게 아니라 아예 못 크고 죽어버려요 이 친구야!

아생 연후에 살타지요 (我生然後殺他).

나일 문명이 지속적으로 높은 농업 생산성을 유지할 수 있었던 원인 중에 하나는

나일강이 주기적으로 홍수를 일으켜 근처 땅의 미네랄을 싹 씻어내려준 덕분이었으니까.

강이 범람하면서 더불어 질소도 공급되었다.

네 말대로 화학비료를 과도하게 사용하면 비료의 질산이온에 결합된 칼슘이나 칼륨 등이 과하게 공급되어서 오히려 농사를 방해하지!

미네랄 고갈이 아니라 미네랄 과잉이네.

농사는커녕 손에 흙 한 번 묻혀보지 않은 사람들이 장사 한번 해보겠다고 토양이 어쩌고 미네랄이 어쩌고 하는데,

실제로 논밭에서 땀 흘리고 수고하는 농민들에게 지나친 실례 아니냐?!

임산부나 성장기 청소년, 그리고 영양이 부족한 여타 사람들에게는 당연히 보충제가 필요하지.

그게 나쁘단 말이 아니야. 그걸 팔아먹기 위해 멀쩡한 농민들과 농작물에 누명을 씌우는 행태가 너무 악질이라는 거지!

또 그 영감이
그렇게 떠들고 다니디?

예에….

잠깐만,
그 영감태기…

주말농장요?

분명 저번에
무슨 '주말농장'이라는 걸
모집하고 있었어.

그땐 집약적 농업으로
기른 채소는 영양이 없네
어쩌네하더니

스스로 직접 길러먹자…,
뭐 그러면서 모집을
받았거든?

74

그래놓고 이제는 또 토양에 미네랄이 없으니 보충제를 사먹어라…

후후후, 소문이 밝구먼!

호랑이도 제 말하면 나타난다더니.

하지만 진짜 굉장한 건 그뿐만이 아닐세!

주말농장 회원들이 수확철에 들어갈 때쯤 미네랄 고갈에 관한 소문을 흘려서, 영양제 대부분을 그 회원들에게 팔아먹었지!

우와…

초능력자는 과연 돌연변이일까?

영화 〈엑스맨〉을 대표로 많은 SF 영화에서는 초능력자들이 돌연변이로 태어나 특수한 능력을 발휘할 수 있게 됐다고 설명하죠. 언뜻 그럴 듯하지만, 너무 허구적인 설정도 있습니다.

어차피 Science Fiction, 과학적 허구인데 뭐 어때?

그 정도가 너무 심하니까 하는 말 아닙니까. 예를 들어…

상대의 모습을 흉내내어 변신하거나 등에 날개가 돋아 날아다니는 돌연변이는 그나마 있을 법하지만,

눈에서 빔이 막 나가고 온몸이 얼음으로 되어 있거나 손에서 불이 나오는 건 SF가 아니라 거의 판타지의 영역이라고 해야겠죠.

물론 넘어야 할 산이 대단히 많지만, 다른 생물체의 유전자를 이용해서 그 생물의 능력을 발현시키는 것은 이론적으로 가능합니다.

문어의 놀라운 변신 능력이나 새의 날개 등 실험실에서는 반딧불의 유전자를 이용해 빛나는 식물을 만들거나, 인간의 유전자를 이식해 인공 장기를 만들기도 했습니다.

즉, 다른 생물들이 가진 능력은 돌연변이나 유전자 조작을 통해 사람에게도 발현시킬 수 있다는 말입니다.

반대로 말한다면, 인간에게 돌연변이로 발현될 수 있는 능력은 어디까지나 다른 '생물체'가 발휘할 수 있는 능력이어야 하죠.

애초에 눈에서 빔이 나간다든지 염동력을 사용하는 건 돌연변이로는 불가능해요.

생체전류를 흘리는 전기뱀장어가 있으니 몸에서 전기가 나올 수는 있겠네요.

차라리 〈스타워즈〉같이 우주의 신비한 힘인 포스로 염동력을 쓴다는 설정이라면, 납득하기는 더 쉬울 겁니다.

그리고 이 양반 말인데, 손에서 칼날이 나오는 걸 초능력이라고 하기에는 좀 뻔뻔하지 않습니까?

양심이?

…이 손톱이 제 트레이드마크이긴 합니다만, 전 사실 재생 능력자입니다.

유사과학 탐구영역

66. 디지털 풍화

이 만화는 특정 기업이나 상품을 특정하여 서술하거나 묘사하지 않습니다.

뭐하세요?

실험 사진 찍어놨던 거 옮기는 중이지.

이게 다 모아놓으면 또 언젠가는 유용하게 쓰거든.

그렇구나…

아앗!! JPG 파일이잖아요!

깜짝이야.

그게 왜?

JPG는 시간이 지나면서 파일이 열화되어 화질이 안 좋아지기 때문에 자료 보존용으로는 부적합하대요!

?

맞아, 나도 그런 말 많이 들어봤어.

인터넷에 돌아다니는 사진들이 다 JPG라서 점점 화질이 나빠진다며.

……!?

그런데 옛날처럼 엄청 용량을 줄이지 않는 이상 화질의 차이는 두드러지지 않아.

당장 이 만화도 JPG거든!

어떤 만화요…?

그러면 이렇게 화질이 낮아지는 이유는…

웹툰 〈오늘은 자체휴강〉 중의 한 컷.

그것이 바로 '디지털 풍화'라는 거지.

JPG 파일을 반복해서 JPG로 다시 저장하면 손실이 점점 쌓여서 못 봐줄 정도가 돼.

사실 멀쩡한 JPG 파일을 또 JPG로 압축할 일은 거의 없거든.

그런데 인터넷의 본질은 커뮤니케이션.

어제 올라왔던 그림이 저기도 올라가고 거기도 올라가고 그러면서 돌고 돌거든.

이미지 파일이 그냥 있을 때는 아무런 문제가 없지만 이렇게 이미지가 돌 때…

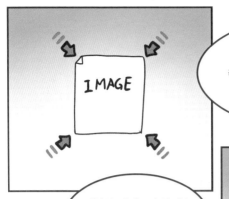

이미지가 올라가는 게시판에서는
레이아웃이나 서버 부담 등의 문제로
그림을 그대로 출력하지 않고,

대부분 사이즈나 화질을
어느 정도 축소하거든.
이걸 '최적화'라고 해.

그렇게 축소된 이미지를 클릭했을 때
새 창에 원본 이미지를 띄워주는 경우도 있지만,
보통은 축소된 그대로 저장하지요.

그래서 그렇게 한 번
수정된 이미지가
다른 게시판에 올라가면서
또 최적화되고,

그게 또 다른 게시판에
올라가 최적화당하고,
그걸 반복하다 보면…,

이렇게 참담한 이미지가
만들어지지.

으어어.

그러면 화질 열화가 안 된다고 알려진 PNG 파일은 어떤가?

걔도 비손실압축일 뿐, 작정하고 용량 낮추면 화질은 똑같이 낮아져.

뭐, 용량이 큰 만큼 파일 자체의 화질은 더 선명하지.

하지만 용량이 크기 때문에 게시판에 올라갔을 때 최적화도 더 심하게 당하고 화질은 더욱 떨어져.

맙소사….

한때 재밌게 봤던 그림이나 만화가 인터넷에서 오랜 세월 동안 돌고 돌아서 엄청 풍화된 상태로 다시 봤을 때…

……

말로는 뭐라 할 수 없는 복잡한 기분을 느끼게 된다.

어쨌거나 0과 1로 이루어진 디지털 데이터 자체는 따로 수정되거나 최적화당하지 않는데 갑자기 저절로 열화되는 일은 절대 없다는 말이야.

그렇군….

그러면…

!

오디오 파일은 어때?

오디오에 민감한 어떤 사람들은, 음악 파일은 복사하면 할수록 음질이 떨어진다고 그러더라!

뿐만 아니라 음향기기에 쓰이는 케이블도 전부 금 같은 고급 재료를 써야만 제대로 된 소리를 낸다고 하더라구.

……

디지털 데이터라는 건…

카세트테이프나 레코드판과
같은 아날로그 데이터와는 달라서
노이즈나 외부 요인에 의해 변조가
일어나기 훨씬 힘들지.

그래서 초고급 고올든 씨디에
담겼든, 10개에 3000원 하는 싸구려
문방구 컬러 디스켓에 담겼든 간에
완전히 같은 데이터를 갖고 있다고.

마찬가지로
최고급 순금 케이블로 전송하건
싸구려 랜선이나 전화선으로
전송하건 동일하게 전송되고.

전선의 부식을 막기 위해
금을 도금하기도 합니다.

…어렵냐?

…

디스켓이 뭐예요?

말하자면 앰프나
스피커는 연주가고,
거기 들어가는 음악
파일은 악보 같은 거지.

원본 파일을 복사할수록
음질이 열화된다는 말은…

유사과학 탐구영역

67. 미라클 포토 앱

오랜만에 한가하네… 응?

그러니까 '카메라'라는 것은…!!

타로ㄱㄷ

그냥 들어오는 빛을 기록하는 장치일 뿐이야!!

즉, 카메라나 우리 눈이 뭔가를 아무리 찍거나 본다고 해도 그 대상에는 아무런 영향을 주지 못한다는 말이야!

네에….

뭘 하길래 타로카드 판에서 그렇게 서두가 길어요?

오, 혜람이냐.

애들이 이런 걸 갖고 댕기면서 신기하다 떠들고 있더라고.

뭔데요?

보자….

?

당사의 미라클 포토 앱과 포토 카드는 스마트폰에서 양자얽힘 현상을 이용해 양자파동장을
전달하는, 퀀텀에너지 원격 서비스 기술을 개발했습니다!

미라클 포토 기능으로 사진을 찍으면 양자얽힘 파동장이 조사되어
미라클 플라세보 효과를 통해 사물의 형질을 변화시킬 수 있습니다.
의식을 확장시키고 물질을 진화시키는 융합기술의 선두 주자로서 저희 회사는
웰빙 친환경 라이프에 어울리는 기술을 선보이도록 하겠습니다.

★다음은 이용자들의 사용 후기입니다★

-미라클 앱으로 야채와 화초를 찍었더니 상하지 않고 싱싱하게 오래 가네요!
-미라클 앱으로 강아지를 찍었더니 털이 부드러워지고 냄새도 나지 않게 됐어요.
정말 신기합니다!
-미라클 앱으로 정전기가 많이 나던 스웨터를 찍고 세탁했더니 더이상 정전기도
발생하지 않고 옷이 부드럽게 몸에 달라붙네요. 강추합니다!
-미라클 앱으로 안경을 찍은 후 사용해보니 평소보다 눈이 시원하고 훨씬 잘 보입니다.
정말 믿을 수 없는 효과였어요!

이때는 대략
정신이 멍해진다.

……

인터넷에서 보니까
후기가 엄청나게
많더라구요!

사진을 찍기만
하면 효과가 바로
나타난대요!

아무튼 방금 말했듯이

카메라는 단순히 빛을 받아들이기만 하는 장치라고 했지!?

네.

그런데 어떻게 사진을 찍는 걸로 사물이 변하겠냐?

그건….

그 포토 앱의 효과는 딱 옛날에 사진기 처음 나왔을 때 떠돌던 괴담과 똑같은 수준이여!

언년아, 이게 새로 들어온 '사진기'라는 것인데, 기똥차게 초상화가 찍혀 그려진다더라. 어디 한번 찍어보자꾸나.

아이고 아씨, 안 됩니다요!

92

쇤네가 어디서 듣기로 사진기에 찍히면 혼백이 그냥 쏙!하고 빠져나가 갇힌다 합니다요.

아니 이년아, 사진기는 그저 비치는 걸 기록할 뿐인데,

그럼 다른 사람들의 눈에 비치기만 해도 혼백이 빠져나간다는 말이더냐?

사람의 눈은… 천연 성분이지 않습니까?

…그럼 사진기는? 뭔 소리 나올지 뻔하다만, 들어나 보자꾸나.

뿌직

그야… 인공합성화학석유 공장제성분….

……

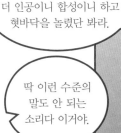

느이, 내 앞에서 한 번만 더 인공이니 합성이니 하고 혓바닥을 놀렸단 봐라.

딱 이런 수준의 말도 안 되는 소리다 이거야.

주리를 세 바퀴 정도 틀어버릴 것이여.

예이~

그런…

야, 당장 생각을 해봐라.

만약 그게 진짜라고 치고.

너희, 밤하늘의 별 있잖냐. 그게 가까운 것도 사실은 몇십 광년, 먼 것은 수백~ 수천 광년의 거리에 있어서, 별빛이 수백년 전에 출발했단 사실은 알지?

네에.

그 별을 사진으로 찍으면, 그건 어떻게 바뀌겠냐?

수백년 전의 과거가 갑자기 뿅!하고 바뀌기라도 한다는 말이냐? 막말로 지금은 폭발해서 사라진 별일지도 모르는데?

타임 패러독스…!!

그… 카메라가 영향을 주진 못해도 같이 주는 포토 카드에서 파동장이 나온다던데요.

맞아맞아.

그 카드에 전원이 연결되나?

아뇨?

배터리는?

없는데요…

94

아무런 전원도
배터리도 없는데…

거기서 뭔가가
나온다?

어…

어…

방사능?!

에그머니나!!!

짜악!

뭐, 실제로는
아무것도 나오지 않는
그냥 종이 쪼가리겠지.

그리고 뭔가 나온다고 해도,
막연히 효과가 좋은 매지컬 빔이
뽕하고 나오겠냐?

차라리 카메라 플래시에
특수한 파장을 걸어서 그걸
비추면 뭔가 바뀐다고 말하는 게
100배는 신빙성 있겠다!

…

정말로 그런 기술이
있다면 군사적으로
이미 엄청나게
쓰이고 있겠지!

최신 기술이 가장 빠르게
도입되는 분야 중 하나가
군사 분야다.

예! 3성급 호텔 수준의
호화 식사처럼
맛있어졌습니다!!

본 사령관이 우리 장병들을
위해 미라클 포토 앱으로
전투식량을 찍었는데,
맛이 어떤가?!

에라이.

…

예시가 너무
리얼한데요.

그러고 보니 요즘
유독 유사과학이 양자니
정신력이니 들먹이던데,

왜 양자역학을
걸고 넘어지죠?

그건…

상식적으로 받아들이는
고전물리학에서 설명할 수 없는
양자의 불확정성으로 신비주의를
설명하려는 것 같아.

대표적으로
이런 영상이 그렇지.

U-Boat Submarine

?

살다가 보면
정말 의미심장한 우연을
경험하기도 하죠?

예지몽이
대표적인 예이지요.

쌍둥이들은
종종 멀리 떨어져 있어도
생각이 일치하거나 같은
병을 앓기도 합니다.

옛날에는 이런 신비한
현상들을 그저 우연의 일치라고
치부하고 넘어갔지만,
과연 정말 우연이었을까요?

이젠 그 현상들을
과학적으로 설명할 수 있게
되었습니다!

이 모든 것이 양자얽힘 현상이라고 하네요!

완전히 동일한 두 공이 하나는 한국에, 하나는 미국에 있을 때,

한국의 공 색깔이 변하면 미국의 공도 동시에 색이 변한다고 해요! 정말 신기하죠?

양자얽힘은, 예를 들어 A 입자와 B 입자의 스핀 방향이 서로 반댓값을 가진다고 가정할 때, 두 입자가 다른 계에 속해 있어도 A 입자의 방향이 정해지면 그 순간 B의 방향도 반대쪽으로 정해진다는 말입니다.

한 입자가 관측되는 순간 다른 입자의 상태도 알 수 있다는 말이며 저런 우연의 일치와는 전혀 상관 없죠.

아인슈타인은 이것을 '원격으로 일어나는 섬뜩한 활동'이라 표현했고,

리처드 파인만도 '자연이라는 것 자체가 본시 어처구니없고 신비한 존재임을 인정해야 한다'며 신비주의를 과학으로 인정했습니다!

인간이 의식의 힘으로 양자의 상태를 정할 수 있듯이, 나아가 생각의 힘으로 세상을 변화시킬 수 있다는 뜻이죠!

아인슈타인은 말년까지 양자역학에 부정적이었고, 리처드 파인만은 어설픈 인문학이나 철학에 대단히 적대적인 인물로 저런 소리를 한 적이 없습니다.

양자역학에서는 입자의 위치와 운동량을 동시에 정확히 측정할 수 없다고 하는데, 이분은 갑자기 의식의 힘을 써서 관측값을 멋대로 정해버리려 하시네요?

게다가 툭하면 의지·생각의 힘 운운하는데, 의지만으로 되는 일이 대체 뭐가 있겠냐?

그래도 의지의 힘은 여기저기서 많이 강조되지 않나요?

어디까지나 동기부여 차원에서만 말이 되지.

의지력은 가장 기본으로 깔고 들어가는 거야!

성취에 영향을 미치는 건 결국 얼마나 연구하고 연습하고 행동했는가에 달려 있지!

물론 의지력이 강하고 어떤 분야를 즐기는 사람이라면 거기서 엄청난 성취를 이룰 수 있어.

지지자 불여호지자
호지자 불여락지자
知之者 不如好者
好之者 不如樂之者

하지만 그 분야에 전혀 관심이 없거나 심지어 싫어한다고 해도, 타의에 의해서 강제로 노력을 쌓다 보면 어느 정도의 성취를 이룰 수 있지.

그런데 오직 의지만 강조해서 생각의 힘으로 결과가 저절로 따라온다고 하면 문제가 되지!

강력한 의지가 있어도 실천하지 않는 사람이랑 의지는 없어도 억지로라도 노력을 하는 사람이랑, 누가 더 좋은 결과를 낳을까?

퀀텀에너지 개꿀~

유사양자과학을 부르짖는 사람들은 그냥 강력하게 염원하면 생각의 힘만으로 신비하게 뿅!하고 결과가 따라오리라 믿고 있거든.

심지어 이제는 카메라로 뭔가를 찍기만 하면 양자얽힘 현상이 일어나

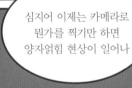

대단한 기적이 나타날 거라고 떠드는데…

아니, 그렇게 바라는 게 강한 의지력이냐?! 의지박약이지!

야, 진짜 역대급으로 편해 보인다!!

올~

헥

헥

언니, 오늘은 왤케 맞는 말만 골라서 한데요?

그러니 퀀텀에너지니 의지의 힘 같은 허황된 미신은 버리고…

오랜 역사의 점성학과 신비학적인 상징이 집대성된 정통성 있는 타로카드를 통해 미래를 예측하며,

미리미리 대비해 노력을 쌓는 것이 합리적인 현대인의 자세가 아닐까?

그렇네요!!

갑자기 삼천포로 확 틀어버리네….

유사과학 탐구영역

68. 잔류 농약과 칼슘 세척제

이 만화는 특정 기업이나 상품을 특정하여 서술하거나 묘사하지 않습니다.

퀭~

……

어흐어…

요즘 왤케 퀭하냐?

푸성귀만 먹고 사는데
힘이 날 리가 없지….

푸성귀? 아…
칼로리 제한?

뭐… 그냥 대야에 담고
물을 한참 틀어놨다가 헹궈서
먹으면 되는 거 아냐?

?

힘들 게 뭐 있나.

에그머니, 그러면
큰일나요! 요즘
농약 문제가 얼마나
심각한데!

…?

요즘 농업은 농약을 엄청나게
오남용하기 때문에 마트에서
파는 채소는 전부 농약에
완전 절여져 있대요.

잔류 농약은
물로 씻겨지지 않아서

아토피, 천식, 자폐증,
각종 대사질환을
일으킨다고 하더라구요!

그놈의 아토피 원인은
자주도 바뀌는구만.

자폐증은
또 어디서 왔으며.

……

그래서 이런
친환경 세척제로
농약을 제거해야

건강한 식생활이
가능하다고 해요!!

……이게 뭔데?

그게 천연 칼슘
세척제래요!!

화학 성분은
하나도 없고

천연 유래 칼슘을
가공한 '활성 칼슘'이라는 게
주성분이라서

잔류 농약을 확실하게
제거하며 인체에도 전혀
해가 없다더라고요!

※이 세상 모든 칼슘은 천연입니다.

진짜 어떻게
그런 걸 달달
외우고 다니냐.

시연 영상이나
광고를 보면 굉장히
충격적인 게,

물로 헹군 채소나
과일을 칼슘 파우더를
넣은 다시 물에
담그면,

이미 한 번 세척했는데도 기름때가 스며나올 뿐 아니라

농약과 노폐물 때문에 순식간에 뿌옇게 흐려지더라구요!

지금껏 그런 걸 모르고 먹고 있었다고 생각하니 소름이…

쏴아아아

?

터-엉!

이건?

잘 봐라.

좌악!
좌악!

기름때가 뜬다고
했지?

요 맹물 위에
뜨는 이게 뭐인고?

어…
기름…때?

특히 칼슘염같이 미세하고
잘 안 녹는 분말을 물에 풀 때
기름 무늬가 나타나기도 하는데,
잘 저어주면 녹으면서
사라지지.

염을 생성하는 실험을 하면
볼 수 있다. 다만 실험에서
생선뼈나 조개껍질을 사용한
경우 드물게 그 자체에서
기름이 스며나오기도 한다.

그리고…

요건 식물분류학 때 산속에서 채집한… 뭐였지?

…잡초목 잡초과 잡초아종인디,

무슨 콩과식물이었던 것 같은데.

아무튼 간에 무농약 자연 유래 식물이지?

첨
벙

그야 그렇겠죠…?

이걸 여기에 담궈두고

10분쯤 지나면….

?!

이건 어찌 된 일이냐. 이 뿌연 게 농약이라면 계룡산이 온통 농약으로 뒤범벅이라도 되어 있다, 이 말이냐?

얼래리?!

물론 염기성이기 때문에 pH에 민감한 일부 농약에 대해서는 효과가 있다고 보고되었는데,

그런 특수한 농약을 씻어내더라도 물 세척과 비교해 40~50퍼센트가 여전히 잔류하기 때문에 선전하는 것처럼 효과가 극적이지도 않지.

어차피 대부분의 농약은 수용성이기 때문에 물로 충분히 헹구는 게 가장 좋은 방법이야.

Table 3. Removal rates of pesticides in mini tomato by various washing (%)[2]

Pesticides	Initial level of pesticides	Tap water washing		washing
Acephate	ND	ND		ND
Azonphos-methyl	3.214	2.999 (6.69)	2.266 (29.50)	2.648 (17.61)
Dichlorvos	0.113	0.098 (13.27)	0.066 (41.59)	0.098 (13.27)
EPN	4.400	4.455 (-1.25)	3.476 (21.00)	4.173 (5.16)
Fenthion	6.568	6.046 (7.95)	5.844 (11.02)	5.773 (12.10)
Fenitrothion	6.392	5.806 (9.17)	4.897 (23.39)	5.681 (11.12)
Parathion-methyl	5.274	4.718 (10.54)	4.010 (23.97)	4.710 (10.69)
Parathion	7.597	6.929 (8.79)	6.936 (8.70)	6.633 (12.69)

[1] ppm: remaining contents of residual pesticides after washing.
[2] %: removal rate of residual pesticides.
Amount of sample: 10.03 g.
Washing time: 5 min.

이범길 외, 2005,
「CaO를 이용한 방울토마토 중 잔류농약 제거」

농약이 무슨 절대로 사라지지 않는 사악한 그 무언가이며 그걸 제거할 수 있는 유일한 솔루션이 이 제품이다.

이런 식으로 마케팅을 해대는데, 효과도 없을 뿐더러 오히려 그런 제품 때문에 잘못 안도해서 대충 씻어내게 된다면 훨씬 안 좋지!

게다가 염기성인 산화칼슘, 특히 분말 제품은 눈이나 점막에 닿으면 손상을 일으킬 수 있으니 완전 안전하지도 않다고.

생석회 가루는 과거에 공성전을 치를 때 적이 눈을 뜨지 못하게 만드는 용도로 사용되기도 했다.

잔류 농약이 걱정이라면 이런 알량한 세척제를 쓸 게 아니라, 흐르는 물에 오랫동안 씻는 것이 확실하게 도움이 된다고.

아니면 차라리 초음파 세척기를 써도 되고.

물리적 진동으로 헹궈주기 때문에 좋은 효과를 기대할 수 있다.

근데 좀 불안한 게, 물만으로 씻어도 괜찮을까? 농약 오남용 문제에, 잔류량에…

인터넷이나 TV에서 하도 떠들어대니까.

안 그래도 옛날부터 농약에 관한 문제가 꾸준히 제기되어서, 지금은 관련 규정도 자세해지고 농약 자체도 자연적으로 분해되거나 물로 쉽게 씻겨 내려가도록 개량되었어.

농산물에 대한 '허용물질목록관리제도'가 시행돼서, 이젠 작물별로 허용된 농약만 사용할 수 있으며 시장에 나가는 시점에서 특정 농약 잔류량 기준을 준수해야 하지.

귀농인들이 크게 실패하는 이유 중 하나가
작물별로 허용된 농약 말고 다른 농약을
사용하는 바람에 상품 출하가 금지되는 것이다.
이전에 썼던 농약이 토양에 잔류할 수도
있기 때문에, 가능하다면 한번 키웠던 작물을
계속 재배하는 것이 안전하다.

그깟 규제가 대수냐고 할 수도
있겠지만, 1년간 재배한 작물을
출하할 수 없게 되면 손해가
이만저만이 아니니까 상당히
강제성이 있다고.

규정이
있었어…?

수입 농산물 역시 2019년부터는
국내 잔류량 기준을 만족하지 못하면
수입 허가가 나지 않는다.

그러니깐 과일은 1분,
잎채소는 5분 정도 물에 담가
헹궈주기만 하면 충분히 안전하게
섭취할 수 있다는 말이야.

…출처는?

식품의약품안전처.

정부 기관!

유사과학 탐구영역

69. 석류즙과 혈관 건강

그런데, 이번에는 석류즙 속에 담가 둔 돼지기름을 좀 보세요!

이 만화는 특정 기업이나 상품을 특정하여 서술하거나 묘사하지 않습니다.

아니! 놀랍군요! 돼지기름이 녹았네요?

바로 그거죠! 이렇게 우리 몸속의 혈관에 끼인 기름도 녹일 수 있습니다!

전문가의 의견을 들어볼까요?

석류에 들어 있는 파이토케미컬과 탄닌 성분이 기름을 녹이는 역할로서 작용할 수 있다는 겁니다.

그짓말은 안 했다.

이렇게 혈관 내에 흐르는 기름과 콜레스테롤, 독소 등을 모두 분해해서 내보내주기 때문에…

혈액순환을 돕고 갱년기 증상을 완화하며 남성의 발기부전을 치료하는 정말 효자 열매라고 할 수 있네요~!!

오오….

핫!

아니… 수조 속에서 기름을 녹인다고 해서 그게 사람 몸속에도 고대로 들어가서 기름을 녹이나?

독약인가?

그럴 거면 그냥 화끈하게 기름을 녹이는 효소를 마시지, 뭐하러 굳이 맹맹하게 석류즙 같은 걸 찾아 마시나?

…저기,

왜 말이 안 되는지 설명 좀 해주세요.

오.

일단 저렇게 냅다 수조 안에 때려넣고 녹이는 실험이랑, 우리 몸에 실제로 흡수되어 작용하는 거랑은 아주 큰 차이가 있지.

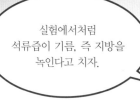

실험에서처럼
석류즙이 기름, 즉 지방을
녹인다고 치자.

근데 그게 몸속에서
분해되지 않고
그런 성질을 계속 유지한다면
어떻게 될까?

지방을 녹이는 성분에
눈이 달려 있어서 원하는 것만
골라가며 녹일 것 같니?

그야 뭐,
혈관 속 기름을
녹인다든지…

그러면…

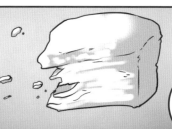

어떤 실험에서는
기름을 띄우고
얼마나 섞이는지
보여주는가 하면

어디서는
아주 돼지기름을 통째로
갖다놓고 그게 녹는
과정을 보여주는데,

만약 몸속에서도 그 활성 그대로라면 우리 몸의 조직이 저 너덜너덜해진 비계마냥 녹아버리겠지.

허….

그, 그래도

나쁜 기름만 골라서 분해한다든가….

저 돼지기름도 돼지에게 정상적인 생체 조직인데, 그걸 분해했잖니.

게다가 석류즙을 먹어봤자 소화되면서 그런 성질이 사라질 테니 의미가 없지.

효과를 보려면 차라리 주사기를 꽂든가.

야, 끔찍한 소리 하지 마라, 진짜로 그러는 사람도 있다고.

주사기로 석류즙을 냅다 꼽는다고요?

중국에서는 실제로 과일즙이…

혈관 속의 지방을 제거하고 피를 깨끗하게 해줄 거라면서,

한 50대 여성이 직접 혈관에다 과즙을 주사한 사건이 있었대댄….

?!

당연히 온몸에서
염증반응이 일어나고,
간을 비롯해 신장, 폐 등의
중요 장기에 손상을 입고
중태에 빠졌다고 하더라고.

ㄷㄷ

…

정상적으로 분해·흡수되지 않은 단백질 등의
물질이(항원) 몸속에 들어오면, 즉시 항체에
의한 거부/면역반응이 일어난다.

어쨌든 간에 석류즙도
소화 과정을 거쳐
분해되기 때문에

몸속에서 지방을
녹일 수도 없거니와
녹여서도 안 되니,

저렇게 기름을
녹이는 실험은
그냥 쇼일 뿐이야.

석류즙이나 양파즙이
실제로 지방을 분해하지는 않고
잘게 쪼개어 부드럽게 만든다.

으음….

그러면 저런 실험은 그렇다고 치고,

그래도 석류가 혈관 건강에 도움이 되긴 하니까 저렇게 광고할 수 있는 거 아닐까요?

기본적으로 석류는 비타민 C, K, 엽산이랑 식이섬유가 풍부한 좋은 과일인데,

요즘엔 왠지 거기에 더해 혈관 속 기름을 녹인다니 어쩌니 하면서 세일즈를 하고 있지.

이미 미국에서 한 주스 업체가 '석류는 콜레스테롤을 줄여서 혈관 건강, 뇌졸증 예방, 발기부전 등에 효과가 있다'고 주장하며 건강보조식품으로 석류주스를 판매한 적이 있는데,

2010년 미국 FDA에서는 해당 업체의 주장에 과학적인 근거가 없고 효과를 입증할 수 없다며 징계 처분을 내렸어.

그런….

FDA에서 '식품판매 안전 승인'을 받는 것과 '건강기능성을 인정'받는 것은 완전히 다르다.

즉, 석류는 어디까지나 영양소가 풍부한 맛 좋은 과일일 뿐이지.

그렇구나….

'혈관 건강'하니까 또 무슨… 크릴 오일? 그것도 한창 각광받던 적이 있었지?

그것도 TV에서 수조 속에 돼지기름 띄워놓고 녹이는 실험을 보여줬는데.

무슨… 인지질(?)이 풍부해서 기름을 녹인다고 그랬죠. 기억나요.

그래.

소수성 부분과 친수성 부분이 같이 있는 인지질은 계면활성제 역할을 해서 기름을 물에 잘 녹이는데,

애초에 우리 몸에서 많이 사용되고 합성도 쉬워서 딱히 추가로 섭취할 필요는 없지.

더 먹는다고 해서 지방 분해, 치매 예방, 콜레스테롤 저하 등의 효과를 보이지는 않는다고.

지방은 우리 몸에서 인지질과 결합되어 수송되는데, 무슨 분해 타령인지.

항산화, 디톡스 열풍이 지나가고 나니 이젠 혈관이니 혈액을 갖고 장사를 해대기 시작하네….

끝이 없구만 없어.

음?

게다가 요즘엔 혈액 자체를 깨끗이 해주는 방법도 있다고 하네요!!

그런 것 말고요! 피를 직접 깨끗하게 청소해줘야 한다던데요?!

…응?

요즘엔 '혈액 클렌징'이라고 피를 직접 뽑아서 깨끗하게 하는 시술이 나왔대요!!

깨끗하게~
맑게~
자신 있게~

뽑아낸 피에 의료 기계로 산소를 넣어서 건강하게 만든 다음에 되돌려준다고 하네요!!

죽은 빛깔의 피가 생생한 빨간색으로 돌아오는 게 눈으로도 보이더라구요!!

이건 또 무슨 귀신 씨나락 까먹는 소리야….

아니, 투석기도 아니고 그냥 산소만 첨가해준다고?? 감염이랑 혈전 위험을 감수하면서까지??

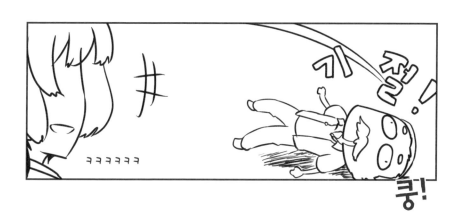

유사과학 탐구영역

70. 고체산소 발생기

이 만화는 특정 기업이나 상품을 특정하여 서술하거나 묘사하지 않습니다.

으음…

고체 산소
카트리지

뭐였지….

끄응.

으… 떠오를 듯 말 듯하면서 그게….

모르겠네….

뭐라고 해야 하나.

?

뭐 하세요?

오, 바람이냐.

헤람이 언니랑 하선이 언니랑 세트로 앉아서….

지금 엄청 안 풀리는 문제가 있어서 고민 중이다.

…!

고체산소?

본 적 있어?

예.

무슨… 방 안에
이산화탄소 없애주고
산소도 내뿜고

미세먼지도 잡아주고
유해물질도
정화시켜준다느니,

미세먼지 심한
봄철에 유행했죠.

이거 때문에
그렇게 끙끙 앓고
계신 거예요?

뭐… 원인이라고
할 수 있지.

이건 당시에도
영 미심쩍긴
했어요.

산소가 99.9퍼센트라고
그러는데…, 그 말은
산소 자체를 얼렸다는
뜻이죠?

그래요?

원리를 말하자면,

이런 건 주로 칼륨이나 칼슘 같은 알칼리 금속에 산소가 정상보다 많이 붙어 있는 과산화염을 재료로 쓰는데,

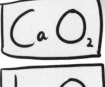

$Ca\ O_2$

$k_2\ O_2$

얘네가 공기 중의 수증기나 이산화탄소랑 반응해 수산화 칼륨/칼슘 내지는 탄산 칼륨/칼슘이 되면서 산소를 내놓아.

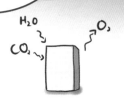

즉, 산소가 나오긴 한다?

그래서 이걸 완전 가짜라고 부르긴 어려워서 고민하고 계신 거예요?

아, 고민하는 건 그게 아니라….

산소를 내놓기는 하는데,

?

내놓는 양이 문제야.

이런 상품의 광고를 보면, 방의 산소 1퍼센트가 삶의 질을 좌우한다고들 하지.

하긴 그런 광고가 많죠.

그래.

이 카트리지 하나로 3개월 동안 쓸 수 있다고 하거든.

문제는 요만한 카트리지 하나가 그만한 산소를 만들어낼 수 있느냐는 거지.

하다못해 3평짜리 쪼맨한 방 하나에서 쓴다고 해보자.

원룸과 고시원 사이 그 어딘가.

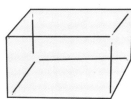

편의를 위해 대충 0도씨 1기압의 표준상태로 놓고 계산했습니다.

3평이면 대략 10제곱미터, 높이를 2.5미터라고 하면 부피는 25세제곱미터.

1세제곱미터가 1000리터니까 방 안의 공기는 2만 5000리터.

산소는 그중 21퍼센트인 5250리터 정도 있겠지.

막 숫자가 나오니까 벌써부터 울렁거리네요.

우리도 숫자는 싫다….

숫자가 좋으면 생물학이 아니라 물리학, 지구과학, 천문학을 전공했겠지.

물론 생물학에서도 유전통계학이나 생태학 등 특정 분야에서는 숫자를 많이 다룹니다.

옛날에 우리 과 선배가 얽힌 전설적인 사건이 있었지….

CaO₂

원자량을 가지고 산화칼슘의 질량비를 계산하면 칼슘(Ca)이 40, 산소 두 개(O₂)가 32니까

60그램짜리 카트리지에 담긴 산소의 양은 대략 26그램,

총 18.2리터가 나올 수 있겠네.

즉, 이게 가진 산소를 한번에 모조리 방출해봤자 3평짜리 방 안의 산소를 0.073퍼센트 올리는 게 고작인데, 그걸 3개월에 걸쳐서 내뿜는다?

그러면 하루에 방 안의 산소를 0.0008퍼센트 올린다는 소린데, 이게 무슨 의미가 있겠나?

도저히 의미가 없겠네요….

그런데 과산화칼슘은 제1류 위험물에 들어가잖아. 분말이 날려서 눈이나 폐, 기도 등 점막에 닿으면 심각한 손상을 입히니까.

뭐, 그런 안전 처리를 잘 해놓지 않았을까요?

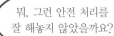

……

…해놨겠지?

그러면 지금 그거 계산한다고 끙끙 앓고 있던 거였어요?

아, 그건….

왜 이런 식으로,
대세를 바꾸기엔 택도 없는
적은 양을 말하는 사자성어가
있을 듯한데,

그냥 시답잖은 걸로
알고 있었구나….

딱 이거다 할 만한 게
생각나지 않아서
지금 둘이 머리를 맞대고
생각하는 중이었어.

그래,
동족방뇨(凍足放尿)!

언 발에
오줌 누기.

……

그건 급한 대로
불만 끈다는 말인데,
이거랑은 좀 다르죠.

작은 일을 크게
불리어 떠벌림!

…침소봉대
(針小棒大)!

오!

그것도 아니지!

대충 뜻은
통하네.

135

그건 바늘은 작은데 봉은 크다는 말로, 커다란 쪽에 초점이 맞춰져 있잖아!

엥?

삼국지에서 조조가 적벽대전 직전에 읊었던 '단가행'이라는 시에서 나오는 말이지.

針小棒大 침소봉대
烏鵲南飛 오작남비
바늘은 작고 봉은 커다란데 까막까치 남으로 나는구나…
라는 시야.

※정확한 시구는 '월명성희(月明星稀) 오작남비(烏鵲南飛)'입니다.

그렇구나!!

그럼 그 시가 뭔 뜻이여 대체….
아무말 대잔치네 그냥.

당랑거철(螳螂拒轍) 어때요

※당랑거철: 제 역량을 생각하지 않고 무모하게 덤벼드는 행동.
사마귀가 앞발을 들고 수레바퀴를 멈추려 했다는 데서 유래했다.

당랑권으로는 철 수레, 즉 탱크에 대항할 수 없다는 말이니까, 비슷하긴 한데 역시 딱 맞지는 않지.

…음?

137

황당한 새벽의 저주

이미 사망했지만 바이러스에 의해 되살아난 시체. 영화에 흔히 나오는 좀비의 설정이다. 고통을 느끼지 않으며 오직 끝없는 굶주림으로 살아 있는 사람을 공격한다.

되살아난 시체라는데, 먹거나 마시지 않고도 멀쩡한 데다가 지치지도 않고…. 까놓고 말해 일반 사람보다 팔팔한 거 아님?

요즘엔 아주 뛰어도 댕기드만.

헤헤헤

그건… 그렇네요.

저게 정말 말이 안돼!.

그냥 영화의 설정이잖아요?

아무리 설정이라고 해도 말이야. 사람 몸에 순환계가 괜히 있는 게 아니거든.

다세포생물은 모든 세포가 바깥 공기와 마주하거나 영양소를 직접 얻을 수 없으니,

폐에서는 산소를, 소화기에서는 영양분을 얻어 몸 구석구석 혈관을 통해 전달해주지.

말넘심

하지만 저놈들은 심장이 멈춰 있으니 산소도 영양분도 공급받을 수 없어. 움직일 기력이 생길 수가 없단 말야.

순환계가 멈췄으니 신경계도 죽어 있고, 신경계의 정점인 뇌도 맛이 갔으니 생각은커녕 제대로 걷거나 움직일 수도 없지.

ㄷㄷㄷ
말풍선이 쏟아진다…

바이러스가 정말 굉장한 놈이라 세포들을 살려 놓았다고 해도, 그 세포들이 제대로 기능할 방법이 없다는 말이야.

스스로 무언가를 할 의지도 없이 그저 옷이나 걸쳤으니 옷걸이요, 숨이나 쉬니 바람주머니요, 고기를 탐하니 고깃자루요, 썩은 똥이 가득하니 분뇨자루에 지나지 않는다.

그럼 그 하찮은 것이 시체이지 어떻게 살아 있다고 할 수 있겠냐?!

…존재론적으로 말이죠?

말이 너무 심하시다.

유사과학 탐구영역

71. 혈압에는 볶은 소금을

'옛날 옛적에'로 시작하는
전래동화나 설화는…

이 만화는 특정 기업이나 상품을 특정하여 서술하거나 묘사하지 않습니다.

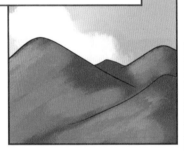

쉴 새 없이 격변하는 사회에서
산업화와 정보화의 물결에
휩쓸려 역사의 무대 뒤편으로
밀려나고 말았다.

구미호, 호랑이, 두창신(역귀) 같은
존재들은 과거에는 공포와
공경의 대상으로 숭배되었지만

호환&마마 콤비

여우는 요괴의 대명사였다.

옛날 어린이들은 호환,
마마, 전쟁이 가장 무서운
재앙이었으나~.

볼 때마다 느끼는 것인디
두창신이 하는 밥이라는 거
진짜 영 쉽지 않구먼.

역병도 그냥 막 옮기는 게
아니고 위에서 명 받아서
퍼뜨리는 거요. 그게 다 일로
하는 것인디 매번 그러면
섭하지라.

아니면 진짜
바이오해저드
한번 보여드려?

엥?

부욱

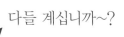

다들 계십니까~?

아… 식사 중이었구나.
내가 하필 또 안 좋을 때
와버렸구먼.

한두 번도 아니고
매번 꼭 뭐 먹고 있을 때만
귀신같이 찾아오는구만.

저 양반은…
굳이 나누자면
우리 과야.

우리 과라니…?
보니까 신선은 아닌 것 같고
무슨 요괴 부류에
들어갑니까?

응…

약장수.

?

?

약장수? 아니, 무슨
약장수가 요괴 부류에
들어갑니까?

요괴란
무슨 부류냐?

사람과 같이 생기긴 하였으되
사람답지 않은 짓을 서슴지
아니하며 사람에게 해를 끼치는
것이 요괴 아니더냐?

그러니 약장수는 요괴지.

흔히 알려진 것과 다르게 고혈압에 해롭지 않은 소금! 오히려 고혈압을 약 없이 치료하기 위해선 소금 섭취가 가장 중요하죠!!

천일염에 풍부한 칼륨, 칼슘, 마그네슘 등 천연 미네랄이 녹슨 혈관을 치유하고 항산화 성분이 산성화된 혈액을 알칼리로 바꿔주어 고혈압에 효과적이랍니다.

뭔 소리냐 이게?

이게 그 '이열치열'이라는 건가?

그 사람들이 하는 얘기의 근거가, 극단적인 저염식을 했을 때 오히려 심혈관계 질환 발병률과 사망률이 올라갈 수 있다…는 말인데,

실제로 하루 소금 섭취량이 3그램(나트륨 1200밀리그램) 이하일 때 발병률과 사망률이 크게 증가하지.

그렇지만 세계보건기구 (WHO)에서 권장하는 나트륨 섭취량은 대략 2000밀리그램 (소금 5그램) 이하이고,

섭취량이 2300밀리그램을 넘어서면 다시 발병률과 사망률이 증가하는 U자 곡선을 그린다고.

사망률

섭취량

최근에 하루 5.8그램 미만의 소금 섭취(나트륨 2320밀리그램 미만)는 문제가 있을 수 있다는 의견도 나왔지만, 분석 방법에 결함이 있다는 이의가 제기되어 의견이 분분한 상태.

147

문제는 우리나라 사람들의 하루 평균 나트륨 섭취량이 3700밀리그램(소금 9그램)으로 권장 섭취량의 두 배에 가깝다는 거여.

극단적인 저염식이 오히려 위험하네 어쩌네 할 수준이 아니거든.

볶은 소금 한 꼬집(2그램)을 물에 타서 드시면 혈관 건강에 좋아요 ^^

이미 과하게 나트륨을 먹고 있는데 무슨 소금을 물에 타서 마셔야 한다는 둥, 그것도 고혈압 환자들한테 권하고 있다고!

※천일염과 정제염의 미네랄 함량에 관해서는 3권 50화─「천일염」편 참고.

그런데 단순히 소금을 사다 먹으라고만 하면 장사에 도움이 안 되니,

가능하면 천일염을 볶아서 먹어야 된다는 식으로 한 번 꼬아서 썰을 풀지.

천일염을 볶으면 나쁜 성분이 날아가고 좋은 성분이 증가한다고 말야.

으음….

그런 말을 들은 적이 있어요. 소금을 볶으면 독한 연기가 나온다고….

소금에 들어 있는 염화나트륨이나 염화칼슘, 마그네슘 등 무기염류들은 불에 타는 성분이 아니라서 고열을 가해봤자 녹을 뿐이지.

연기가 나면서 타는 건 기타 불순물이고 소금 자체의 성분은 변하지 않지.

질 낮은 천일염 한 봉다리 사다가 물에 한번 녹여보게나. 그러면 그렇게 연기를 내는 놈이 어떤 놈인지 알 수 있을 걸세….

시커멓게 가라앉는다고.

……

불순물….

혈관 건강에 필수적인 영양소인 규소를 추가한 소금도 있어요!

뭐? 규소는 또 뭣이다냐.

요즘엔 규소도 영양소로 치나?

규소나 규산염은 진짜 왜 붙들고 늘어지는지 모르겠네.

아니다. 생소하니까 팔릴 거 같아서 붙들고 늘어지겠지 뭐. 현대의학이 놓친 영양소 운운하면서.

일단은 손톱이나 발톱, 머리카락, 혈관의 콜라겐 합성에 쓰이고는 있는데….

규소청을 먹으면 녹슨 혈관이 다시 젊어지고 혈압이 낮아진다면서, 무슨 책*도 있다고 그러네?

* SJ Lippard and JM Berg, Principles of Bioinorganic Chemistry, University Science Books, 1994.

그 책에 혈압에 관해선 일언반구도 없고, 규소가 대동맥 같은 생체 조직에서 많이 발견되며 조직을 합성할 때 쓰인다는 이야기가 있지.

그런데 규산염은 식물의 세포벽 등에 폭넓게 쓰이는 워낙 흔한 성분이라서 결핍 상태를 재현할 수가 없어 필수성을 입증하기가 매우 어렵다며, 이걸 과연 영양소로 취급해야 하는가라는 이야기도 있수다.

……

그리고 지금은 소금에 빌붙어서 '규소 소금'이라는 끔찍한 잡종이 탄생해버렸지.

규소 소금….

딱히 극단적인 저염식을 하지도 않거니와 오히려 WHO 권장량의 두 배 가까이 소금을 소비하는 우리나라에서 '혈압과 건강을 위해' 소금을 더 먹어야 하네 어쩌네 하는 것.

이것이 현대 약장수들의 대표적인 모습이라고 할 수 있겠구먼.

그리고 워낙에 흔한 물질이라 결핍이 일어날 수가 없는 규소를 먹으면 고혈압을 걱정 할 필요가 없다며 팔아대는 것.

허어….

미국에서는 '건강에 이롭다'는 문구를 광고에 달려면 엄청 까다로운 입증 과정을 거쳐야 하는데, 그럼에도 유사 건강 상품들이 넘쳐 흐르지.

우리나라는 그런 제도조차 미비해서 불과 얼마 전까지 음이온 침대 같은 게 버젓이 돌아다닐 정도였으니,

서양이나 동양이나 사람 사는 데 어디든 장사꾼은 다 똑같으니.

이른바 '쇼 닥터'들이 흰 가운을 걸치고 TV에 나와 마구 떠들어대도 어떻게 제동을 걸 방법이 없다네.

뭐… 우리 같은 약장수들이야 물건을 팔기 편해서 좋기는 한데.

쇼닥터들이 가짜 상품에 적지 않은 신뢰감을 안겨준다는 게 큰 문제지.

……

유사과학 탐구영역

72. 아로마 오일

이제 겨울이라고
바람도 슬슬 쌀쌀하고,

그래서 동아리방에
난방이 들어오는 건
뜨뜻하고 좋긴 한데….

?

태생이 건물 옥상에
올라가 있는 가건물이다
보니까,

결로 현상을 하나도
고려 안 하고 지어진
방구석에 이슬도 맺히고.

저 스멀스멀 올라오는
곰팡이 처리하기가
진짜 어렵구만.

그러네요….

뭐, 대충 물에다 락스 타서 뿌리고 좀 뒀다가 닦아내면 곰팡이 자체는 대충 처리가 되는데,

오! 진짜 잘 지워진다.

그러게요.

문제는 이 쿱쿱한 곰팡이 냄새가 한 번 배면 잘 안 빠진다는 거지.

건물 자체에 곰팡이가 펴서 냄새가 나기 때문에 우리 방만 청소해서 될 일이 아니긴 한데…. 아, 그래!

바람이 너 저번에 무슨 아로마 오일 세트인가 갖다 놓지 않았나?

아~ 가게에서 뿌리던 샘플 몇 개 모아뒀죠.

야, 내가 거품 물고 소리 지르는 기계냐??

솔찌….

요즘 많이 패턴화되기는 했죠?

뭐, '향기'를 실생활에 도움되는 식으로 쓰는 건 제법 역사가 있잖아?

후각이라는 게 감각적으로 호소하는 힘이 크기도 하고.

옛날에는 향을 종교적으로 많이 활용하기도 했거든.

경건한 분위기를 연출하고 경외심을 불러일으킨다.

나무 수액을 말려서 화로에 넣어 향을 낸다.

전 옛날에 이게 '유황'과 몰약인 줄 알았습니다. 믿음 강철 화약. 뭐 그런 거….

동방박사들이 아기 예수에게 가져온 예물인 유향과 몰약도 대표적으로 고대에 널리 사용되던 향이지.

처음엔 주로 나무, 수액, 꽃잎 등을 말려서 태운 연기를 이용하다가,

추출 기술이 발전하면서 에센스 오일을 뽑아내 사용하는 방식도 생겨났고.

확산이 잘 되게 디퓨저나 전기 훈증기를 쓰기도 하지.

이미 여러 연구를 통해 그런 향기에 마음을 진정시키거나 기분을 좋게 하는 효과를 기대할 수 있다고 알려졌지.

즉, 향기에는 심리적 효과가 있을 수 있다는 말이다.

그렇구나….

문제는 거기에 만족하지 못하고 더 나아가서, 이렇게 선을 훅 넘어 들어오는 마케팅이 있다는 거야!!

1. 심리적 효과
아로마는 불안이나 걱정을 줄여 마음을
안정시킬 뿐 아니라 의약품으로는 치료할 수 없는
노인성 치매나 우울증에도 효과가 있다는 연구가 발표됨.

2. 미용 효과
화상, 여드름, 민감성 피부, 아토피 등에 효과적이고,
독소와 노폐물을 배출시켜 체중 감소에도 도움이 되며,
탈모 방지, 두피 보호 등 모발 관리에도 이용됨.

3. 생리적 효과
아로마 오일의 향 성분은 코에서 뇌하수체로 전달되고
우리 몸은 각종 향에 알맞는 생리활성 물질과
호르몬을 분비하여 자율신경계, 내분비계,
면역계 질환을 예방하고 치유함.

4. 향균·살균 효과
대부분의 아로마 오일은 호흡기로 감염되는 감기 및
기침과 두통에 효과가 있고, 박테리아의 성장을 막으며
바이러스까지 제거하기 때문에 감염질환 치료에 많이 쓰임.

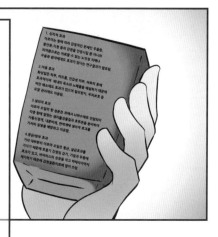

1. 심리적 효과
아로마는 불안이나 걱정을 줄여 마음을
안정시킬 뿐 아니라 의약품으로는 치료할 수 없는
노인성 치매나 우울증에도 효과가 있다는 연구가 발표됨.

여기선 내가 방금 말한
심리적 효과가 아니라
무슨 치료 효과가 있다고
주장하지!

치매 환자에게 효과가 있다고
하는데, 정확한 연구 결과*는 이래.
"아로마 향이 치매 환자의
공격적 행동을 진정시키는 데
일부 효과가 있다."

아하.

* Forrester LT et al., Aromatherapy for
  dementia. Cochrane Database of Systematic
  Reviews, 2014, Issue 2, Art, No.: CD003150.
  doi: 10.1002/14651858.CD003150.pub2.

2. 미용 효과
화상, 여드름, 민감성 피부, 아토피 등에 효과적이고,
독소와 노폐물을 배출시켜 체중 감소에도 도움이 되며,
탈모 방지, 두피 보호 등 모발 관리에도 이용됨.

화상을 입어 손상된 조직은
다른 피부조직을 이식하지 않는
이상 복구할 방법이 없는데,
무슨 효과가 있다는 건지
모르겠다.

그리고 아토피가
만만한가? 진짜 이놈
저놈 전부 아토피를
걸고넘어지네.

대부분 자가면역질환/알레르기 반응이
원인인 아토피에는 알레르기원으로
작용할 수 있는 아로마 오일이 오히려
해로우면 해로웠지 좋을 수가 없어.

헤에…

그리고 독소 배출?
탈모 방지???

3. 생리적 효과
아로마 오일의 향 성분은 코에서 뇌하수체로 전달되고
우리 몸은 각종 향에 알맞는 생리활성 물질과
호르몬을 분비하여 자율신경계, 내분비계,
면역계 질환을 예방하고 치유함.

이젠 뭔 냄새만 맡으면
몸이 저절로 질병을 치료한다는
소리까지 하고 있네!!

심지어 요즘은
무슨 '허브의학'이라며
현대 의약품으로 치료할 수 없는
병을 아로마 오일이나 추출물을
이용해 치유한다고
거리낌 없이 얘기하는데,

애초에 현대 의약품이
자연에서 얻을 수 있는 허브나
약초에서 의료 효과를 가진
성분을 분석·연구하여
만들어진 거야.

체내에서 어떻게 작용하는지,
무슨 병에 적용할 수 있으며
어떤 부작용이 있는지 등을
면밀하게 연구한 결과물인데,

고대의 '요법'으로
충분히 사람을 치료할 수
있었다면 과학에 기반한
의학이 발달할 필요가 없었다.

얘네는 오히려 거꾸로 거슬러
올라가 더 구식 방법으로
병을 치료할 수 있다고 주장하지.

흑사병이 발생했을 때 역병 의사들이
각종 향신료, 아로마, 향 등을 갖고 다니며
병을 예방하려 노력해봤지만
전혀 효과가 없었다.

미국, 유럽, 호주 등에서는
아로마의 의학적 효과 여부를 면밀하게
검토하여, 2015년에 '아로마가 질병을
예방하거나 치료할 수 있다는 의학적
증거는 없다'고 발표했어.

……

4. 항균·살균 효과
대부분의 아로마 오일은 호흡기로 감염되는 감기 및
기침과 두통에 효과가 있고, 박테리아의 성장을 막으며
바이러스까지 제거하기 때문에 감염질환 치료에 많이 쓰임.

저거는요?

일단…

대부분의 아로마 오일이 살균 능력을 갖고 있기는 해. 왜냐하면 오일에 식물 성분이 고도로 농축되었기 때문이지.

다만 대부분의 에센셜 오일에는 향기고 뭐고 자체 독성이 있기 때문에 주의해야 하고.

유칼립투스, 세이지, 삼나무 오일 등은 섭취했을 경우 심각한 중독, 간 손상, 발작 등의 증세가 나타난다고 보고되어 있다.

어디까지나 농축된 오일에 살균 능력이 있을 뿐, 그 향이 균을 제거하거나 감기를 예방해주지는 못한다고.

공항에 이제 질병 검역 시스템 없어요?

네. 아로마가 질병을 다 막아준다는데 돈 많이 드는 검역 시스템을 운영할 이유가 없죠. 그냥 라벤더 아로마나 설치해두려구요. 국내에 전염병 창궐하면, 뭐 아로마 판매 업체에서 전부 책임지겠죠.

……

요즘은 아주 그냥 에센셜 오일을 피부에 바르네 어쩌네 하는데,

애당초 아로마 오일은 '방향제'의 용도로만 허가가 났으며 식물의 여러 화학 성분이 농축되어 있기 때문에 충분히 희석하지 않으면 위험한 데다가

피부에 바르면 자극이 되어 피부질환이 일어날 수 있으니 어지간하면 바르지 않는 게 좋지.

당장에 옻 알레르기도 천연 식물 성분에 의해 일어나는 반응이다.

연기는 미세한 입자들의 집합체라서 탈취 효과는 기대할 만하거든.

훈제로 음식의 잡내를 없애거나 술을 담글 때 짚을 태운 연기로 항아리를 소독한다든지, 새집증후군을 예방하기 위해 집 안에 연기를 피우기도 하지.

화장실에서 성냥 한 개비나 촛불을 켜면 냄새를 쉽게 잡을 수 있는데,

끄응…. 냄새난다.

피어오르는 연기는 냄새 입자가 쉽게 뭉치도록 하는 핵으로 작용해서 냄새를 빠르게 잡아주거든.

164

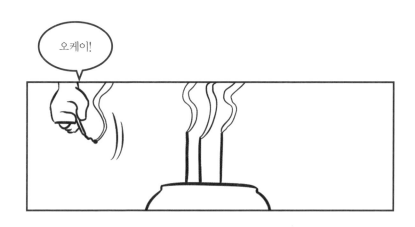

유사과학 탐구영역

73. 유용미생물

아이고 힘들다~.

분류학 과제용 곤충 표본 맏두다고 간만에 산속을 좀 헤집고 다녔더니,

책상 앞에만 앉아 있느라 녹슨 온몸이 비명을 지르는구만….

선배들 얘기하길 학점을 짜게 주기로 유명해서, 막말로 식물분류학에선 산삼을 동물분류학에선 호랑이 정도는 가져가야만 A^+를 받을 수 있다는데.

외울 게 너무 많아서 강의만 따라가기도 벅찬데 이런 야외 활동, 생태조사 및 표본 채집까지 필요하니 그럴 만도 하지.

하…

뭐, 그건 그렇다고 치고.

오랜만에 치열한 경쟁 사회에서 벗어나 한적한 산골과 시골을 다니며 황폐화된 마음에 안정을…

느끼기에는 퇴비의 구릿~한 냄새가 방해로구만.

구리
구리

휴….

낭만을 품고 귀농한 사람들이 먼저 이 퇴비 삭히는 냄새를 맡으며 그 환상을 깨죠.

냄새가 나도 어쩔 수가 없어!

정겨운 냄새 라느니…

어떤 사람들은 이 냄새가 나야 농촌 같다고 하는데,

구린 게 그냥 구린 거지
뭔 정겨운 냄새야!
이건 우리들한테도
쉽지 않다고.

그렇죠….

그래서 조금이라도
냄새를 줄이고자
이런 것도 섞고
그러는디….

EM 말이죠?

…

아는 거여?

그래,
그 '유용미생물'인지
뭔지 발효도 돕고
냄새도 줄여준다고
하더라마는.

…

그래서 효과
좀 봤어요?

뭐… 느낌상 냄새가 덜 나는 것 같기도 하고 아닌 것 같기도 하고,

아무튼 그렇게 떠드는 것처럼 신통치는 않더라고.

그래도 안 뿌리는 것보다야 낫지 않겠나 싶어서 꾸준히 쓰고는 있었는데….

있었는데요?

분명히 우리나라에 들어왔을 때는 하수를 처리하거나 퇴비를 발효하는 데에 효과가 있다 그랬는디,

어느 순간부터 갑자기 그 '효능'이란 것들이 마구마구 새끼를 치더라고!

EM 발효액이 무슨 주방세제로 돌변하기 시작하더니,

미생물 덩어리로 그릇을 씻는다고??

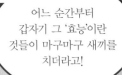

더 나아가 몸을 씻는 데 쓰면 좋다고까지 말하는 거야 글쎄. 게다가 요즘은…

처음에는 EM이 산업·농업 폐수나 퇴비를 정화하고 EM 발효 퇴비가 농산물 수확량을 탁월하게 늘린다고 주장했는데,

정작 그런 효과조차 근거가 불분명했죠.

뭐여?!

이미 1997년 일본의 야마구치대학에서는 EM을 활용한 농업에서 어떠한 수확 증진 효과도 나타나지 않았다고 보고되었고

같은 보고서에서 병원성 세균과 곰팡이에 대한 항균 효과는 나타나지 않았다는 내용이 있으며,

스위스 취리히에서도 2003~2006년 기간 동안 연구하여 같은 결과가 나왔다.

오카야마현 환경보건센터에서도 같은 1997년에 600일간 EM 첨가 폐수와 일반 정화조의 폐수 사이에 의미 있는 정화율의 차이가 나타나지 않았다고 했죠.

또한 과학적으로 분석해보니 개발자의 주장과 달리 수질 정화나 토양 개선 효과에서도 근거를 확인할 수 없었다고 해요.

당연히 그럴 수밖에 없는 게, EM의 그 '선옥균'이 굉장히 뛰어나다거나 새롭게 발견된 균이 아니거든요.

선옥균은 유산균, 광합성 박테리아, 효모, 그외 자연에서 흔히 발견되는 세균들로 구성되어 있을 뿐이라, 기적적인 정화 효과를 볼 만한 것들은 없죠.*

*유산균: L. casei, 사람 입속이나 요로에 서식.
광합성 박테리아: Rhodopseudomonas palustris, 연못에 풍부.
효모: Saccharomyces cerevisiae, 과일 껍질에서 흔히 발견됨.

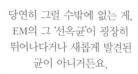

선옥균은 EM의 개발자 히가 교수가 제창한 개념인데, 구체적인 균을 말하는 게 아니라 추상적으로 '좋은 역할을 할 것 같은' 균들의 통칭이고

그 균들은 이미 자연에 존재하는 것들이라 일반적인 부패·발효로 나타나는 균에 비해 나을 게 하나도 없다는 거예요.

그러니 당연히 일반 정화조와 EM 첨가 정화조 사이에 수질 개선 효과가 달라질 리도 없고,

토양 개선 효과도 마찬가지로 일반 미생물이나 EM이나 비슷하죠.

* H. Factura et al. Terra Preta sanitation: re-discovered from an ancient Amazonian civilisation—integrating sanitation, bio-waste management and agriculture. Water Sci Technol, 2010 Vol. 61 Issue 10: 2673-2679. DOI:10.2166/wst.2010.201

2010년 한 연구*에서는 숯, EM 용액 (양배추 절임)을 이용해 동물의 배설물을 퇴비화하는 실험을 했는데, 숯은 확실히 냄새를 줄이는 데 효과가 있었지만 EM 용액은 아무런 효과가 없었다.

그런데 이게 우리나라에 와서는 갑자기 무슨 전통 의학과의 융합 어쩌고 하면서 무분별하게 사용되고 있어요.

즉, 처음에 주장된 EM의 효과들도 검증되지 않았다는 말인가?

그렇죠.

'선옥균'은 일본의 히가 박사가 주장한 개념이며 그 효능은 검증조차 되지 않은 허황된 이야기인데, 이걸 우리의 전통 의학과 관련짓는 건 오히려 한의학에 대한 모독과 도전이 아닌지?

EM에 포함된 미생물 중에서 그나마 유산균은 우리 몸에도 있지만,

다른 광합성 박테리아나 혐기성 세균들은 몸속에 없는데,

이게 원래부터 이로운 세균인 마냥 피부에 바르고 심지어는 먹기까지 해요.

무슨 근거로 우리 몸에 좋다며 이를 권하는지 알 수가 없죠.

유산균을 먹고자 한다면 EM보다 다른 검증된 식품들이 훨씬 많은 균을 포함하고 있으니 차라리 그걸 먹는 게 낫고요.

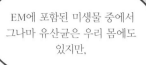

즉, 먹고 바르는 건 아무 효과가 없다는 건가….

EM을 이용한 농업과 정화 활동, 즉 EM 생활을 하면 미생물들의 '소생력'에 대한 감수성이 강화되며,

유용미생물의 마이크로바이옴은 전자파의 간섭이나, 나쁜 균에 의한 질병의 발병을 현저하게 줄이고,

히가 박사가 주장하는 EM의 효과를 읊어드릴까요?

땅과 자연의 선순환의 관계가 정립되어서 태풍, 지진 등의 피해가 줄어들게 되며,

?

※히가 테루오, 「신 지구를 구하기 대변혁(新地球を救う大変革)」에서 발췌.

나아가 자연계의 마이크로바이옴과 인체 사이의 선순환이 토지의 성격을 개선시켜 자연재해 자체가 적게 발생하고,

……

대지의 나쁜 기운과 사람의 나쁜 마음도 선순환에 의해 개선되어 교통사고나 산업재해처럼 사람이 일으키는 재앙도 줄어들 뿐 아니라,

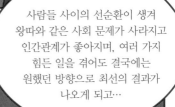

사람들 사이의 선순환이 생겨 왕따와 같은 사회 문제가 사라지고 인간관계가 좋아지며, 여러 가지 힘든 일을 겪어도 결국에는 원했던 방향으로 최선의 결과가 나오게 되고…

어지간히 해야지 진짜.

근두운법: 재주를 넘으며 몸을 구름 위로
솟구쳐 한 번의 뜀박질로 7069킬로미터
(1만 8000리)를 뛰어넘는 술법. 계산해보면
무려 음속의 2만 배에 이르는 속력을 내는 셈이다.

유사과학 탐구영역

74. 코코넛 슈거와 코코넛 오일

나 왔다~.

오.

오셨어요.

바작 바작

뭘 그렇게 맛있게들 먹고 있나?

요 앞에 카페가 새로 생겼는데 이게 엄청 맛있어요!

코코넛 쿠키!

크흑…

그런데…

마침 코코넛
쿠키 먹으니까
생각났는데요.

당을 줄여야 한다면
코코넛 슈거나 코코넛 오일을
드셔보는 게 어때요?

코코넛 슈거?

네!

맞아, 나도 들어봤는데
대체 감미료로 좋다나?

그쵸!

!

*혈당지수(GI): Glycemic index.
탄수화물 섭취 후 혈당량의 변화를
표준 식품(포도당 용액)과
비교하여 나타낸 상대적인 지표.

일반 설탕에 비해
혈당지수*가 낮아서
'건강한 단맛'이라고
불린다나봐요!

'이눌린'이라는
당분 외에도 비타민과
미네랄이 많아서
혈당을 낮추고 지방 합성도
억제해준대요.

혈당지수가 설탕의
반밖에 안 되기 때문에
당뇨 환자들에게도
적극 추천하는 대체
감미료래요!

어쩜 매번 그런 걸
토씨 하나 안 빠뜨리고
완벽하게 외워 오냐.
정말 대단하다, 대단해.

헤헤….

칭찬하는 거 아니여,
이것아.

코코넛 슈거가
무엇이냐.

기본적으로 당 함량이
높은 야자나무의 수액을
뽑아다 졸여서
결정화시킨 것이지.

즉, 원료가 무엇인지가 다를 뿐

그 성분은 같은 방식으로 생산된 비정제 설탕이나 메이플 시럽과 비슷해.

…

코코넛 슈거의 당 함량은 설탕(자당) 70~79퍼센트, 포도당 3~9퍼센트, 과당 3~9퍼센트 등으로 흑설탕과 크게 다르지 않지.

이전에 천일염이나 흑당 버블티 설명할 때도 얘기했듯이 설탕 같은 조미료 혹은 감미료는 요리에 몇 그램 들어가지도 않는데,

그중에서도 5~10퍼센트에 지나지 않는 미네랄 따위는 거의 의미가 없다고.

이눌린 역시 사람이 소화시키지 못하는 흔한 식물 다당류(식이섬유)의 일종이며, 코코넛 슈거에는 매우 미량만 포함되어 있어 거의 의미가 없다.

덜 달아서 좋다는 얘기는요?

덜 달아서….

단맛이 덜한 만큼 맛도 없겠지. 만약 코코넛 슈거로 일반 정제당만큼 단맛을 내려면 음식에 더 많이 넣어야 하고, 결국 섭취하는 당의 총량은 비슷해지겠지.

당을 적게 섭취하려면 아예 덜 먹는 수밖에 없어! 코코넛 슈거건 정제당이건 뭐건 덜 넣어서 먹는 게 유일한 방법이야.

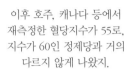

한때 필리핀코코넛협회에서 코코넛 슈거의 혈당지수를 35라고 발표해서 그게 '건강한 단맛'으로 널리 마케팅되었는데,

이후 호주, 캐나다 등에서 재측정한 혈당지수가 55로, 지수가 60인 정제당과 거의 다르지 않게 나왔지.

코코넛 슈거도 설탕일 뿐인데 당뇨 환자에게 슈거를 먹으라고 하다니, 고혈압 환자에게 소금을 더 먹으라는 말과 다름 없지.

그러면 코코넛 오일은 어떤가?

탄소 사슬이 짧아서 몸에 좋은 '라우르산'이라는 지방산이 풍부하다는데,

나쁜 콜레스테롤을 줄여서 심장질환의 위험을 낮추고 콩팥을 씻어주어 신장염도 치료해준대.

그런 굉장한 효능이 있는데 왜 의사가 코코넛 오일을 약으로 처방해주지 않는지 진짜 궁금하다, 그지?

음….

사악한 제약회사들이 자기네 약만 쓰도록 로비라도 했나??

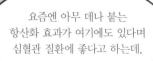

요즘엔 아무 데나 붙는
항산화 효과가 여기에도 있다며
심혈관 질환에 좋다고 하는데,

라우르산이랑은
관계가 없다고.

* HDL: 고밀도지단백질
(High Density Lipo-protein),
'좋은 콜레스테롤'이라고
여겨진다. 반대로 LDL
(저밀도지단백질)은
'나쁜 콜레스테롤'로 불린다.

아마 라우르산이 체내에서
HDL*증가와 관련이 있어서
심혈관 질환 얘기가
나왔을 텐데,

건강한 심혈관(원인)이
HDL을 높이거나(결과),
혹은 다른 요인이
HDL을 높이면서
심혈관 건강을
개선하거나, 아니면
극단적으로 아예
인과관계가 없는
우연의 일치일 수도 있다.

심혈관 건강이
좋은 상태에서는 HDL이 높지만,
반대로 HDL을 높였을 때
심혈관 건강이 좋아진다는 건
입증되지 않았어.

라우르산 역시
2003년
연구 결과,

다른 지방산에 비해
심혈관 질환을
개선하는 효과가 있는지
입증할 수 없었지.

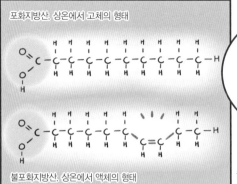

포화지방산. 상온에서 고체의 형태

불포화지방산. 상온에서 액체의 형태

그리고 라우르산도 포화지방산이거든.
라우르산 비율이 50퍼센트가 넘는
코코넛 오일은 불포화지방산이
풍부한 다른 식물성 기름보다
오히려 건강에 해로울 수 있어.

불포화지방산은 이중결합 사슬이 휘어지지 않아서
쉽게 고체화되지 않는다.

오히려 지금은 돼지기름이나 버터 등 포화지방이 많은 동물성 지방만큼 코코넛 오일도 몸에 안 좋다고들 말하지.

뭣?!

어… 어디에서?

미국식품의약국(FDA), 세계보건기구(WHO), 미국보건복지부(DHHS),

미국심장협회(AHA), 영국국립보건원(NICE), 영국영양재단(BNF), 캐나다영양사협회(DC), 그리고…

다 읊어줘?

오, 오케이.

당뇨에 설탕을 더 먹으라니 대체 무슨 소리인가 싶다.

……

……

이열치열!!

아무튼 간에 코코넛은 어디까지나 기호식품이지, 건강식품이 아녀!

이미 외국에서는 한물 지난 코코넛 열풍인데 왜 이제 와서 생명의 열매 취급하는지 모르겠다.

그럼 야자주스를 일상적으로 마시는 필리핀, 브라질, 하와이 사람들이 최고로 장수해야지.

그도 그렇네….

게다가 코코넛은 생명의 열매라기보다는…

오히려 죽음의 열매라는 이미지인데.

…예?

2킬로그램짜리 야자열매가 15미터 위에서 떨어져 나무 아래 있던 철수와 충돌했다. 야자열매가 딱히 튕기지는 않았고(완전비탄성충돌) 철수의 머리를 후리는 동안 걸린 시간이 0.5초였다고 가정하면, 철수는 과연 어떻게 되었겠는가? [3점]

충격력도 한번 계산해봅시다.

야자열매가 상어보다 사람을 많이 죽인다는 건 유명한 루머인데, 실은 세계적으로 야자열매에 의한 사망자를 조사한 통계는 없습니다. 파푸아뉴기니의 어느 병원에서 한 조사에 따르면 해당 지역에서 4년간 발생한 355건의 외상에 의한 사망/부상 사건 중 2.5퍼센트(8건)의 사망 원인이 야자열매의 낙하였습니다. 이 비율을 단순히 세계 인구수에 적용했을 때 연간 150명이 야자열매로 사망한다는 수치가 나왔을 뿐인데, 야자나무가 모든 지역에 있지는 않으니 상당히 과장된 이야기라고 할 수 있지요.

따라서 상어보다 야자나무가 훨씬 위험하지는 않지만 어쨌든 이런 사건이 심심치 않게 발생하기 때문에, 호주 퀸즐랜드나 인도 뭄바이에서는 안전상의 이유로 인구가 밀집된 지역이나 해변 등 사람이 몰리는 관광지의 야자나무를 제거하기도 했습니다.

유사과학 탐구영역

75. 빙초산과 천연 식초(1)
: 빙초산

이 만화는 특정 기업이나 상품을 특정하여 서술하거나 묘사하지 않습니다.

※지나친 음주는 건강에 해롭습니다.

대체로 빙초산을
넣어서 만든다고 하니
뭔가 꺼림칙해서
안 먹게 되더라구요.

빙초산?

빙초산이 왜?

맨날 집에 할아버지께서
엄청 뭐라고 하세요.

빙초산을 먹으면 위에
구멍이 뚫려서 죽는다느니
암이 생긴다느니,

빙초산을 식품으로 먹는
나라는 세상에 우리나라밖에
없다느니….

근데 TV에서도
같은 이야기를
들으니 좀 그래요.

…?

무슨 말인지
모르겠는데 한번
원문으로 읊어보니라.

그럴까요?

으흠…
흠….

부릉
부릉

콰앗

빙초산은…!!

식초가 아닙니다!
석유에서 인공적으로 합성한
화학물질입니다!!

광기에 찬 연기력…!!
정말 볼 때마다 놀라게
된다니까요.

이 현장감…. 기억력이
대단한 걸 넘어 거의
방송 프로를 고대로
보는 것 같은데.

빙초산을 많이 먹으면
위장에 구멍이 나고
암이 발병해서 사망에
이릅니다!!

화공 약품인 빙초산이
식탁에 올라와서는 안 됩니다!!
전 세계적으로도 빙초산을
먹는 나라는 우리나라밖에
없습니다!!

식초를 뿌린 깻잎이나
돼지고기는 별 이상이
없었지만!!

빙초산을 뿌린
깻잎은 누렇게 변색되고
돼지고기도 녹았습니다!!

이걸 그대로 마신 사람들의
목에서 반점 모양의 화상
자국이 확인되었고…, 심하면
식도와 위장에 구멍이
뚫려서 사망하게 됩니다!!

설령 묽게 한다고 해서
그 독성이 어디 가겠습니까?!
묽힌 빙초산 역시 꾸준히 먹으면
암을 일으키는 유해물질입니다!!

저거 지금 빙초산
보고 하는 말 맞죠?

…완전히
소주 이야기로
들리기는 하네.

빙초산은 후진국 수준의
식품법을 가진 우리나라에서만
먹고 있다는 겁니다…!!

허억
허억

어쨌든,
빙초산이란 무엇이냐.

빙초산은 아세트산을
말하는데 구조는 이렇게
생겼고, 대표적인 약산이지.

아세트산은
식초에서 신맛을
내는 가장 중요한
성분인데…

※아세트산무수물($C_4H_6O_3$)은 아세트산과 케텐을 반응시켜
만드는 화합물로, 빙초산(CH_3COOH)과는 하등 관계가 없습니다.

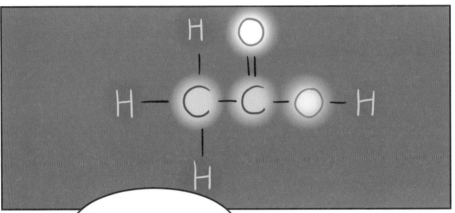

그렇지! 식초의 아세트산은
술의 알코올 같은 거야!

알코올(술)은 곡물이나
과일의 당분을 효모로 발효시켜
만들고, 아세트산(식초)은
알코올이나 당분을 초산균으로
발효해서 만들지.

!

감이 확 온다.

식초에 들어 있으므로
아세트산을 '초산'이라
부르는데,

얘는 10도씨 이상 상온에서
고체로 얼기 때문에
'빙(氷)초산'이라고도 해.

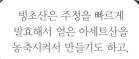

빙초산은 주정을 빠르게
발효해서 얻은 아세트산을
농축시켜서 만들기도 하고,

공업용으로 필요할 때는
메틸렌과 일산화탄소를
반응시켜서
대량생산하기도 해.

어떤 방식으로든
유해물질을 포함하지 않고 순도
99.9퍼센트의 아세트산을 정제한
것만 식용으로 사용할 수 있고,

그 외에 포름알데히드 등
불순물을 충분히 걸러내지
않은 건 공업용으로 이용되지.

그렇군요.

즉, 빙초산은
순수하게 식초의 핵심
성분만을 모아놓은
것인데,

이게 해롭다면
식초 자체가 몸에
해로운 것이니
전부 판매 금지해야지.

그러면 저런 TV 프로에서
유해성을 보여준다며 하는
실험은 어떻게 된 거죠?

아세트산도 산성인데 그걸 100퍼센트에 가깝게 농축시켜 놓았으니 당연히 반응성이 엄청나게 높겠지.

달걀을 식초에 담가놓으면 녹는 것처럼.

아무리 아세트산이 약산이라도 농도가 짙어지면 조직을 파괴할 수 있어.

반대로 강산인 염산도 농도가 옅으면 별 문제가 없고.

어쨌든 간에 본래의 용도에 맞게 5~15퍼센트 정도로 희석해서 쓰면 전혀 문제가 없는데,

그걸 꼭 짙은 농도의 빙초산 원액을 갖고 실험해서 위험성을 보여주니 문제라는 거야.

그래도 농도가 높아지면 위험하다는 건 사실이니까….

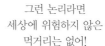

그런 논리라면 세상에 위험하지 않은 먹거리는 없어!

뭔 빙초산을 우리나라만 먹는다느니 우리나라 식품법이 후진국 수준이라느니 그러는데,

케첩으로 유명한 미국 식품회사 하인즈에서도 Pure white vinegar라는 상품명으로 빙초산을 판매 중.

식용 아세트산의 절반 이상이 미국에서 생산·소비되며 그 다음 순서를 유럽, 일본이 차지한다고.

그리고 우리나라 식품관리법은 미국보다도 엄격하다.

?!

너희 할아버지께서 빙초산이 위험하다고 그러시잖니?

마찬가지로 화공 약품인 알코올을 희석한 소주를 마시면

위장에 빵꾸나고 암 걸리니까 드시지 말라고 하면서 뺏어봐라.

빙초산이 식초가 아니라는 말은 주정(에틸알코올)이 술이 아니라는 말이랑 동급이디.

오!

대드는 거냐고 역정을 내시겠지. 그런 사람들 중에서 술이 몸에 나쁘다고 말하는 사람은 못 봤다.

그런데 일반 식초가 있는데도 빙초산을 쓰는 이유가 있나요?

첫번째, 일단 아무래도 일반 양조 식초보다는 싸지.

두번째, 양초 식초에 비해 높은 농도를 만들 수 있지.

일반 식초의 아세트산 농도는 4~5퍼센트인데, 홍어무침이나 치킨무 같은 몇몇 음식에서는 이 농도가 부족하거든.

더욱 강한 신맛을 내거나 부패를 막고 숙성시키기 위해서 농도가 10~15퍼센트 정도는 돼야 하니까 빙초산을 쓰는 거야.

최근에는 빙초산에 대한 헛소문 때문에 하도 홍역을 앓다 보니 아예 2배 식초 등을 사용하기도 하지만.

오호….

그러면 빙초산이 일반 식초를 완전히 대체할 수도 있나요?

그건 또 그렇지가 않지.

빙초산은 요 소주 같은 거야. 술의 주성분이 알코올인 건 맞지만, 그렇다고 알코올이 술의 전부는 아니거든.

소주가 그냥 물에 알코올만 타고 감미료로 맛을 보충했기 때문에 특별한 맛도 향도 없이 그야말로 취하려고 마시는 음료인 것처럼,

빙초산도 그냥 아세트산에 물을 탔을 뿐이라 신맛만 나거든.

하지만 술이란 취하는 게 전부는 아니잖아? 그야 우리는 주머니 사정이 빡빡하니 어쩔 수 없지만….

…

청주나 맥주, 와인, 그리고 럼이나 테킬라, 위스키, 브랜디, 우리나라의 안동소주 등등.

전통 양조주나 증류주들은 에탄올 외에 술에 포함된 1~2퍼센트의 다른 성분들 덕분에 정말 다양하고도 풍부한 맛을 내거든.

마찬가지로 양조 식초도 과일이나 곡류를 발효시킬 때 만들어지는 특유의 풍미가 있어서,

단순히 신맛을 내는 것 이상으로 조미료로서 훨씬 뛰어난 역할을 하지.

사과·배 식초, 매실초나 감식초 등…, 서양에서는 와인으로 만드는 발사믹 식초를 고급 조미료로 쳐주고.

그런데 이렇게 맛으로 차별화해야 할 식초 상품을 뜬금없이 '건강에 좋은 천연 식초를 드세요!'라면서 팔아먹으려 드니까 문제라는 거야.

빙초산에 대한 공격도 이런 건강 장사의 일종이겠구만.

어…?

식초에 들어 있는 구연산이나 아세트산이 생명활동의 중심이 되는 물질로서 몸의 피로를 풀어주니까 자주 먹으면 좋다던데, 그것도 거짓말인가요?!

식초를 연구해서 노벨상도 세 개나 받았다고 그러던데….

식초로 노벨상? 그건 또 무슨 말이여…?

※만화에서 다룬 내용과는 별개로, 빙초산의 농도가 너무 높아 가정에서 다루다가 끊임없이 안전사고가 발생한다고 합니다. 그래서 순수 아세트산인 빙초산 대신 20~30퍼센트 수준으로 희석한 것을 판매하자는 의견이 나오고 있는데 제법 고려해볼 만한 제안인 것 같습니다. 외국에서도 안전 문제 때문에 빙초산을 희석해서 판매하는 경우가 많다고 하는군요.

기운 센 천하장사 ~ 무쇠로 만든 사람

도시에 나타난 사악한 로봇을 물리치기 위해 정의의 거대 로봇이 레이저 빔을 발사하지만…

※프라이버시나 저작권 등등을 보호하기 위해 모자이크를 해서 보내드립니다.

사악한 적 로봇은 배리어를 펼쳐 공격을 무력화시킨다.

클리셰라고 해도 좋을 정도로, 기대 로봇을 나룰 때 투명한 방어막인 '배리어'가 자주 묘사되죠.

멋있지~.

사실 과학적으로 따져본다면, 이런 배리어로는 레이저를 막을 수 없습니다!

뭐?!

76. 빙초산과 천연 식초(2)
: 천연 식초

이 만화는 특정 기업이나 상품을 특정하여 서술하거나 묘사하지 않습니다.

크으~

크어~

※지나친 음주는 간경화나 간암을 일으키며,
특히 청소년의 정신과 몸을 해칩니다.

노벨상을 3관왕
수상한 식품이 있다?!

삐슝빠슝!!

그것은 바로
식초!!

1945년, 1953년, 1964년에
식초의 효능에 대한 연구로
노벨 생리의학상이 수여됐다!!

그만큼 식초의 효능이
무궁무진하다는 것이죠!!

1945년 핀란드 바르타네 박사가
식초의 초산이 음식물의 소화·흡수를
도와 인체의 에너지를 발생시킨다는
연구로 노벨상을 수상!

생물학을 공부하시는 전국의 과학도들께
이런 망발을 가감없이 보여드려
대단히 죄송합니다.

1953년 영국 크렙스 박사와
미국 리프만 박사가 식초의 구연산과
초산이 우리 몸의 피로물질인 젖산을
분해하고 노화를 예방한다는 연구로
노벨상을 수상!!

다 거짓말인 거 아시죠?

1964년 미국 블로흐 박사와
서독 리넨 박사가 식초는 스트레스를 해소하는
부신피질 호르몬의 분비를 촉진시킨다는
연구로 노벨상을 수상!!

종합해보면, 식초는
우리 몸에서 에너지를 만드는
핵심 물질이면서!

동시에 파로를 풀어주고
노화를 예방하는 데다가!

스트레스까지 해소하는
생명활동의 핵심이자
기적의 묘약이라고 할 수
있답니다!!

거기다가 해독 및
살균 작용으로 면역력을
키워주고요!!

위산의 분비를 활발하게
만들어 소화 기능을 향상시키고
장을 자극하여 배변을
원활하게 해주며!!

체내에 쌓인
지방을 녹여서 배출시키는
다이어트 효과가 있어요!!

또한 식초의 유기산이 콜레스테롤 수치를
낮추고 나트륨을 배출시켜서!!

한 잔 더 해라.

언니도 한 잔 더
들이키쇼.

그래야겠네.

……

고혈압, 동맥경화 등의
성인병을 예방하고
치료한다고 하네요!!

거기다가 현대인의 질병 중
90퍼센트 이상이 활성산소 때문에
발생하는데, 식초가 항산화 작용으로
암까지 예방한다고 하니
굉장한 일이죠!!

그렇지만 아무 식초나
먹어서는 이런 효과를
볼 수 없다는 사실!!

일반 매장에서 판매하는
식초들은 술(주정)에서
식초로 한 단계만 발효시키기 때문에
발효 식품의 필수 성분이 거의 없다!!

바로 저희가 판매하는
천연 발효 식초만이 풍부한 유기산과
착한 초산을 함유하고 있기 때문에
이런 효과를 볼 수 있습니다!!

이 내용이 도움이
되셨다면!!

좋아요와
구독 부탁드려요~.

벌컥 벌컥

꼴꼴꼴꼴

※지나친 음주는… 하지 마세요.

허억

허억

좋아요랑 구독은
못 줘도, 옛다,
한 잔 부어주마.

그러면…

하나 하나
따져보자고.

여기 쏘주
한 병 추가요~.

우선 노벨상
수상부터 말인데,

예….

거기서 말하는
노벨상 내역은…

연도랑 사람 빼고는
전부 새빨간 거짓말이다.

예?!

1945년 핀란드 바르타네 박사.
농업과 영양에 대한 화학 연구와
가축 사료를 저장하는 방법을 개발해
노벨 화학상 수상.

1953년 크렙스 박사.
TCA 회로의 발견. 리프만 박사.
조효소 A의 존재와 중간대사
과정에서의 역할을 발견하여
노벨 생리의학상 수상.

1964년 블로흐 박사와 리넨 박사.
콜레스테롤과 지방산 대사의
메커니즘을 발견해서
노벨 생리의학상 수상.

……

그중에서도 제일 어처구니가 없는 게 두 번째, 크렙스 박사와 리프만 박사의 업적을 생뚱맞게 식초랑 연관 짓는 거지!

구연산이나 초산이 생명활동의 중심이라는 헛소리가 전부 여기서 나왔거든!!

구연산이 우리 세포에서 필수적으로 쓰이는 성분이며 피로를 풀어주고 에너지를 공급한다?!

보통 건강 프로에서는 그런 식으로 얘기하더라구요.

일단 크렙스 박사가 발견한 TCA 회로는 구연산 회로라고도 불려.

미토콘드리아 내막에서 일어나는, 우리 몸에서 실질적으로 쓰이는 에너지가 합성되는 경로지.

구연산 회로!!

그럼 역시 구연산을 먹으면 몸에 이로운 게…?

끝까지 들어봐.

중간 산물을 먹으면
피로도 풀리고 에너지도
생성되고 좋을 것이다?

그럴 것
같은데….

미토콘드리아 내부의
구연산은 대부분
피루브산에서 합성되는데,

피루브산은
'해당작용'이라고 하는
이전 단계에서 나온
산물이야.

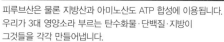

피루브산은 물론 지방산과 아미노산도 ATP 합성에 이용됩니다.
우리가 3대 영양소라 부르는 탄수화물·단백질·지방이
그것들을 각각 만들어냅니다.

피루브…산?

그럼 그걸 먹어줘야
되는군요!

그리고 피루브산은
전부 포도당에서
만들어지지.

포도당…?

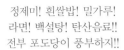

그래! 단순당이라며 TV에서 그렇게 만악의 근원 취급하는 바로 그거!!

정제미! 흰쌀밥! 밀가루! 라면! 백설탕! 탄산음료!! 전부 포도당이 풍부하지!!

포도당+과당=설탕.
포도당 여러 개=녹말.

네 입으로 TCA 회로에 들어가는 중간 산물이나 원료를 먹어주면 좋겠다고 그랬지?

그럼 이제부터 설탕이랑 밀가루, 정제미 많~이 먹어줄 거지??

아, 아뇨….

생물학의 가장 기초인 TCA 회로를 가지고 TV 건강 프로그램에서는 "구연산 회로 어쩌고 저쩌고~. 구연산을 많이 먹으면 좋다" 이러고 앉았다고!!

야, 그리고 식초엔 아세트산이 많지. 뭐 얼마 들지도 않은 구연산 타령이야.

흐음…

생리학에서 가장 위대한 발견 중 하나를 '식초를 먹으면 좋다더라~' 같은 아주 시답잖은 흰소리로 왜곡해놓지!!

이세틸 CoA? 옥살아세트산? 이게 다 식초 아닙니까? 식초를 드세여!!

지들 멋대로 마구 날조해서 장사하라고 노벨상을 주는 게 아니라고… .

게다가 아까 보니 뭔 양조 식초랑 천연 발효 식초랑 구분하던데,

어차피 어느 쪽도 건강에 특별히 이로운 효능은 없다고.

쿵

예?!

식초의 장점은 산성 물질로서 음식의 부패를 방지해주는 게 전부라고.

해독 작용은 이제 알 만큼 알 때가 됐으니 따로 설명 안 하고 제낄게.

식초 섭취가 혈당량에 영향을 준다는 이야기도 있는데, 아세트산과 당을 함께 섭취하면 경쟁적으로 흡수되면서 혈당량 증가치가 약간 완화될 수 있을 뿐이야.

식초를 복용하면 체중이나 체지방 수치가 감소된다는 연구 논문이 2009년 일본에서 나왔는데, 해당 논문을 식초 제조사에서 투고했기에 연구가 편향되었을 가능성이 제기됐어.

또한 신맛이 짠맛이나 단맛을 일정 수준 대체할 수 있기 때문에 고혈압 관리 식단에서 소금·설탕 대신 식초의 사용을 권하기도 합니다.

……

심지어 그 연구에선
실험자 155명 중 11명이 도중에
건강상의 이유로 탈락했는데.

미국 국립유독물센터에서는
아무리 건강을 위해서라도 식초를 일부러
섭취하는 건 식도와 위에 손상을 줄 수
있으니 권하지 않는다고.*

*Mary Elizabeth May,
Vinegar: Not Just for Salad,
National Capital Poison Center.

무슨 흑초나 홍초가
건강 식품으로 팔리는데…,

외국에서 발사믹 식초가
고가에 거래되고 있기는 하지만
어디까지나 희소성과 풍미 때문이지
건강 식품이라서가 아니거든.

그러니 식초로 장사하려면
기호품으로서 맛과 향에
차별점을 둬야지.

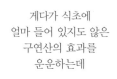

게다가 식초에 얼마 들어 있지도 않은 구연산의 효과를 운운하는데

구연산은 과일 식초에나 약간 들어 있다. 과일에서 유래한 만큼.

그 구연산은 우리 몸에서 중성지방이나 콜레스테롤을 만들 때에도 시작 물질로 쓰이거든. 그러면 오히려 몸에 안 좋은 물질이라고 해야 되지 않겠냐?

?!

그럼 마지막으로, 식초를 먹으면 관절이 녹아서 유연해진다는 건?

느이 뱃속에는 사시사철 식초따위보다 훨씬 강한 염산이 펑펑 나오고 있는데,

왜 그렇게 몸이 뻣뻣하냐?

아…

유사과학 탐구영역

77. GMO(1)

이 만화는 특정 기업이나 상품을 특정하여 서술하거나 묘사하지 않습니다.

두 **GMO!** 둥!

두구둥!

......?

갑자기 뭐죠?

막 이렇게
둘러앉아 있고.

평소에도
참 맥락 없다
싶었는데,

오늘은 진짜 머리·꼬리
하나도 없이 냅다
시작해버리네.

최소한의 상황 설정은
있어야 하는 거
아니냐?

그게…

오늘 다루려는 내용이 GMO,
즉 유전자 조작 생물인데,

지금까지 다룬 소재 중
독보적으로 많은 오해를 사기도
하고 대중의 거부감도
상당한 편이지.

가뜩이나 우리 만화에
글이 많아서 이게 만화인지
뭔지 모르겠다는 말이
계속 나오는데,

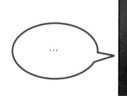

…

225

거기다가 아직 검증되지도
않은 위험한 식품들이
알게 모르게 우리가 먹는 음식에
섞여 있다고 해요!!

맞아! 우리나라가
GMO 세계 최고 수입국이자
소비국이라더라!!

끄덕
끄덕

그런데 그렇게나
GMO를 쓰면서 제대로
표시도 안 한다며!!

GMO 옥수수를
계속 먹으면 암이
생긴다는 말도 있고….

좋아, 그러면 하나씩
따져보자고.

먼저 "우리나라는 세계 최대의
GMO 수입국이자 소비국이면서도
GMO가 사용되는 식품에
제대로 표기조차 안 해서,

무분별하게 소비자에게
공급되고 있다."

그런데…

우리나라 인구가 몇이나 된다고
세계 최대 소비국이라는
말이 나오냐?

우리나라 사람들이
전부 GMO만 먹어도
세계 최대는 힘들지 싶은데.

그건….

그렇네요.

어쨌거나 실질적인
수입량이나 소비량을
보자구.

우리나라가
수입하는 GM 작물은
대두(48.4퍼센트: 전부 식용유에 사용),
옥수수(51.4퍼센트: 물엿과
식용유에 사용)가 대부분이야.

카놀라가 0.2퍼센트 정도
있었는데 최근에는
수입하지 않지.

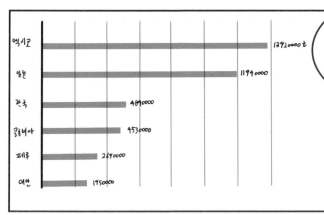

GM 옥수수 수입 현황

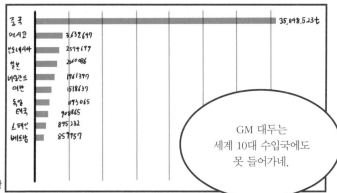

GM 대두 수입 현황

GM 옥수수는 멕시코와 일본에 이어 3위로 수입하고 있고,

국내의 식량자급률이 너무 낮은 것이 큰 이유이다.

GM 대두는 세계 10대 수입국에도 못 들어가네.

당연한 이야기지만 GM 작물의 생산·소비가 가장 많은 나라는 미국이지.

뭐, 우리나라는 1인당 무려 40~45킬로그램이나 소비하고 있다! 이러는 사람들도 있는데,

그건 수입된 GM 콩과 옥수수가 전부 식용으로 사용될 때의 말이겠지.

수입된 GM 작물의
80퍼센트가 사료용으로
사용되고, 나머지 20퍼센트 역시
그대로 식용으로 쓰이진 않지.

그럼 어떻게
쓰여요?

수입되는 GM 콩과 옥수수는
전분(녹말)과 지방을 분리해서
물엿이나 식용유를 생산하는
원료로만 사용되고 있어.

유전자는 단백질의 생성에
관여하고, 유전자 재조합으로
바뀌는 것도 단백질뿐이야.

녹말과 지방 성분은
바뀌지 않아.

우리나라에서 수입한
GM 작물은 그대로 쓰이지 않고
단백질 성분이
사용되지도 않으니,

우리가 먹는 식품에서
GM의 영향은 전혀 없다고
할 수 있지.

일단 수입되는 GMO는 그렇다고 치고, 국내에서 재배되는 GMO는?

우리나라에서 허가를 받아 재배되는 GM 작물은 없는데?

그래?!

우리나라에서는 원체 GMO 관리가 까다롭거니와 재배하기도 쉽지 않거든. 그래서 아직 없어.

덧붙여서 우리나라의 GMO 표기가 허술하네 어쩌네 하는데,

우리나라는 유럽에 이어 세계에서 두 번째로 GMO 표기 제도를 시작한 데다가 계속해서 규정이 강화되어 왔지.

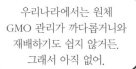

우리나라의 식품 성분을 표시하는 규정은 세계에서 제일 복잡하고 투명하기로 유명해.

예전에는 주요 원료 외에 보존료나 색소는 별도로 표시했지만,

지금은 모든 원료를 제대로 표시하고 원료에 포함된 원료까지 모조리 풀어서 기재하도록 되어 있다고.

유럽이나 미국이 대단히 엄격하게
GMO를 관리한다고 말하는데,
미국은 1992년 식품의약국(FDA)에서
GMO 농산물과 일반 농산물에 구분할 만큼
중요한 차이가 없다는 결론을 내리고
아예 GMO 표시를 하지 않았어.

그러다 2020년부터 GMO 원료를
이용하는 경우에 BE(Bio Engineered,
바이오 공정을 거침)라고 표시하기로 했는데,
그나마도 GMO의 함량이 전체 식품의 5퍼센트
이하거나 정제된 전분·지방만을 사용할 때는
표기를 안 해도 되고.

유럽은 GMO 표기가 상대적으로
엄격하지만, 이건 수입 GMO에 규정을
적용해서 자국 내 농업을 보호하는
무역 장벽으로 쓰기 위해서라는
말이 있어.

특히 유럽은 GM 옥수수의
발암성을 실험한 논문이
발표되었을 때 집행위원회에서
가장 앞서서 비판했을 정도라고.

거긴 식량자급률이 매우 높거든.
정작 국내에서 생산·수출하는 식품에는
GMO 표기를 강제하지 않는다고.

맞아요,
그 실험!!

암에 걸려서 부풀어
오른 쥐의 모습이
충격적이었죠!

그래, 지금도 GMO에
반대하는 사람들이 줄기차게
언급하는 실험이지.

그 사진의 비주얼이
경각심을 일으키는 데에
워낙 효과적이어서.

그걸 보면 역시 GMO는 문제가 있는 거 아닌가… 생각하게 되는데요.

바로 그 실험에 대해 유럽연합집행위원회에서 '과학적 가치가 없는 논문이다'라며 비판했다고.

2012년 세라리니 박사가 발표한 이 논문은 GM 옥수수와 제초제 라운드업이 동물에 끼치는 장기적인 영향을 실험하여,

GM 옥수수가 장기적으로 암을 유발할 위험이 있다며 거대하게 암 종양이 부풀어 오른 쥐의 사진을 실어서 크게 화제가 되었지.

하지만 이 논문은 과학계의 인정을 받지 못하고 철회되었는데, 이를 두고 GM 작물 제조업체인 몬산토의 로비라느니 GMO 연구 세력의 음모라느니 말이 많았거든.

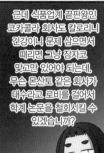

근데 식품업계 끝판왕인 코카콜라 회사도 칼로리니 건강이니 문제 삼으면서 때리면 그냥 잠자코 맛고만 있어야 되는데, 무슨 몬산토 같은 회사가 대수라고 로비를 걸어서 학계 논문을 철회시킬 수 있겠습니까?

일단 통상적으로 쥐를 가지고 발암성 실험을 할 때 한 그룹당 최소 50마리씩을 쓰는데,

이 연구에서는 각 그룹당 고작 10마리씩밖에 쓰이지 않았고, 실험에 쓰인 쥐가 원래부터 암이 잘 생기는 품종*이라서 신뢰성이 떨어졌지.

분홍피부—인간들! 우리 동료—동포들을 실험으로 마구 살해— 학살했다!!

반드시 보복— 복수할 거다! 그래—그래!!

*SD(Sprague—Dawley) 쥐

아무튼 실험에서는 크게 암/수로 그룹을 나누고 그 안에서 일반 사료만 주는 그룹, 일반 사료에 GM 옥수수를 각각 11, 22, 33퍼센트 섞어서 주는 그룹으로 나눴지.

식수에는 제초제인 라운드업을 섞었는데, 그룹별로 각각 0.001피피엠(음용수 오염 허용 기준), 0.09퍼센트(사료 최대 오염 허용 기준), 0.5퍼센트 (제초제로 사용시 통상적으로 사용되는 농도)를 희석시켰어.

이렇게 여러 그룹으로 나누어 시간 경과에 따른 종양 발생률과 사망률을 조사했지.

대충 결과가 어땠을 것 같니?

뭐… 상식적으로 생각하면 GM 옥수수랑 제초제를 많이 먹은 쥐들이 암도 많이 생기고 더 빨리 죽었겠죠?

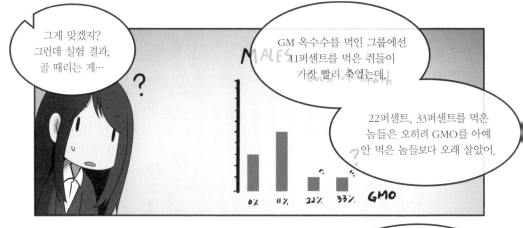

그게 맞겠지?
그런데 실험 결과,
골 때리는 게…

GM 옥수수를 먹인 그룹에선
11퍼센트를 먹은 쥐들이
가장 빨리 죽었는데,

22퍼센트, 33퍼센트를 먹은
놈들은 오히려 GMO를 아예
안 먹은 놈들보다 오래 살았어.

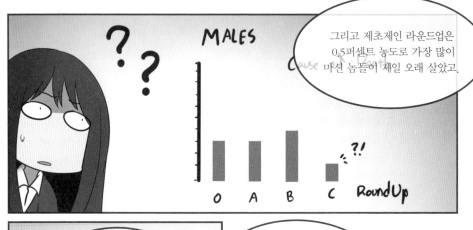

그리고 제초제인 라운드업은
0.5퍼센트 농도로 가장 많이
마신 놈들이 제일 오래 살았고,

그럼 뭔데?
GM 옥수수랑 제초제를
먹을수록 장수한다는
말이여?

종양 발생률조차도
GMO에 제초제까지 섞어 먹인
수컷 놈들이 아예 안 먹인
놈들보다 암에 적게 걸렸고,

암컷도 11퍼센트,
33퍼센트의 GM 옥수수를
먹인 놈들은 종양 발생률이
약간 높았지만

22퍼센트를 먹인 놈들은 안 먹인
놈들과 발암률이 같은 등, 데이터가
방향성이나 규칙성을 전혀 확인할 수
없이 뒤죽박죽이었지.

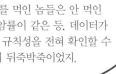

거기다 의아한 건 실험에서 쥐들이 너무 오래 살았다는 거야.

원래 이 쥐는 1950년대부터 주구장창 실험에 쓰이던 종인데,

그 이전의 실험부터 확인해보면 모든 실험에서 자연적으로 암이 발생해 사망할 확률이 매우 높거든.

근데 유독 이 GMO 실험에서만 발암률과 사망률이 낮게 나왔지.

R.K. Davis et al., 1956년 논문: 95퍼센트에서 종양 발생, 25퍼센트가 악성 종양, 첫 암 발생은 140일, 평균수명은 760±21일(Tumor Incidence in Normal Sprague-Dawley Female Rats).

M. Nakazawa et al., 2001년 논문: 수컷 80퍼센트에서 자연 암 발생, 암컷 92퍼센트에서 암 발생, 2년 관찰(Spontaneous neoplastic lesions in aged Sprague-Dawley rats, DOI: 10.1538/expanim.50.99).

H. Suzuki et al., 1979년 논문: 81퍼센트에서 자연 암 발생, 2년 관찰(Spontaneous endocrine tumors in Sprague-Dawley rats, DOI: 10.1007/BF00401012).

통계분석도 이루어지지 않았고 암 발생률과 사망률 데이터가 들쭉날쭉하며 전혀 유의미한 패턴이 발견되지 않았기 때문에,

유럽식품안전청(EFSA)을 시작으로, 프랑스 식품환경노동위생안전청(ANSES), 생명공학고등자문기관(HCB), 미국 식품의약국(FDA), 독일 연방위해평가원(BfR),

호주/뉴질랜드 식품기준청(FSANZ), 일본 식품안전위원회(FSC), 캐나다 보건부 등등 거의 모든 국가의 보건 당국이 이 실험에 가치가 없다고 결론을 내렸지.

당시 우리나라 식약처도 "국제적으로 통용되는 OECD 453 가이드라인에서는 발암성 실험의 경우 군당 최소 50마리를 이용하고, 실험 결과의 통계학적 비교를 실시하도록 권고하고 있으나, 세라리니 실험은 군당 10마리를 이용, 통계분석을 하지 않아 실험군과 대조군 간 유의미한 차이를 나타내는지 여부를 알 수 없다.

… 또한, 일관된 용량 의존성도 확인되지 않았다. … 실험동물 수의 부족, 결과의 일관성 부족, 통계분석 미실시에 따른 유의미한 차이 확인 불가 등으로 인해 본 논문의 결과만으로는 NK603 [GM 옥수수]이 유해하다고 판단할 수 없다" 라고 결론을 지었어.

유사과학 탐구영역

78. GMO(2)

세라리니 실험 이야기가
나온 김에, GMO의 위험성을
보여준다며 자주 인용되는 실험을
몇 개 더 짚어보자고.

우선 1998년
푸스타이 박사의
GM 감자에 관한
실험이 있지.

아, 알아요!

쥐에게 유전자 조작된
감자를 먹였더니

발육이 저해되고
면역 능력도 떨어졌다는
바로 그 실험 말이죠!!

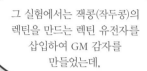

그 실험에서는 잭콩(작두콩)의 렉틴을 만드는 렉틴 유전자를 삽입하여 GM 감자를 만들었는데,

여기서 쥐들에게 문제가 되었던 물질이 바로 그 렉틴이었지.

렉틴?

렉틴은 콩을 비롯해 여러 식물이 곤충이나 동물에 대항해 만들어내는 독성 단백질이야.

강낭콩이나 대두 등 주로 콩에 많이 들었기 때문에 옛날 사람들은 콩을 날로 먹지 않고

가열하거나 단백질만 추출해 두부로 만들거나 메주로 발효시켜서 먹었지.

렉틴 유전자를 삽입한 GM 감자에서는 당연히 렉틴을 만들어냈어.

그런 감자를 가지고 하는 실험은 이미 널리 알려진 렉틴의 독성을 그저 재확인할 뿐이야.

GMO의 위험성을 증명하진 못하지. 심지어 이 감자는 어디까지나 연구용이었으며 상업용으로는 허가가 나지 않았어.

굳이 독성을 늘린 감자를 상업용으로 재배할 이유가 없으니까.

실험에 사용한 쥐가 고작 5마리에 지나지 않았고, 애초에 쥐가 생감자를 먹이로 선호하지 않아 대조군으로 쓰인 쥐에서도 영양실조가 나타나는 등,

워낙 허점이 많은 실험이라 영국 왕립협회를 시작으로 다수의 기관이 '실험 결과에서 의미를 찾기 힘들며, GMO가 건강에 영향을 미친다는 결론을 내릴 수 없다'고 비판했지.

하나 너, 2005년 러시아과학 아카데미에 소속된 예르마코바 박사의 실험에서는 임신한 쥐에게 GM 콩을 먹였을 때, 낳은 새끼가 3주 안에 사망할 확률이 6배 이상 높았으며 발육 상태도 좋지 않았다고 하지.

이 실험 역시 각 샘플군당 쥐가 3마리씩밖에 사용되지 않았고,

대조군과 GM 콩 섭취 그룹 새끼들의 발육 상태뿐 아니라 생후 개월 수조차 통일되지 않았던 데다가 애시당초 가공하지 않은 콩에는

렉틴도 있고 소화효소인 트립신의 합성을 방해하는 억제제도 포함되어 있어서 영양분 흡수를 방해하거든.

이 GM 콩은 상업화된 지 이미 10년이 지나 전 세계에서 재배되는 콩의 60퍼센트 이상을 차지하고 가축 대부분의 사료로 이용되고 있는데,

10년 넘게 먹어도 별 문제 없던데…?

그 콩에 문제가 있다고?

그 실험에서처럼 불과 3주만에 문제가 생길 정도라면 이미 큰 사고가 여러 번 났을 거야.

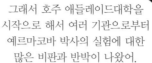

게다가 동일한 주제로 이미 4세대에 걸친 정교한 실험이 있었고, 거기서는 GM 콩이 쥐의 사망률이나 성장에 일반 콩보다 나쁜 영향을 주지는 않는다고 확인되었지.

그래서 호주 애들레이드대학을 시작으로 해서 여러 기관으로부터 예르마코바 박사의 실험에 대한 많은 비판과 반박이 나왔어.

그래도 어쨌거나 GMO는 검증이 덜 된 불안정한 기술이기 때문에….

자연에 없던 인공적인 기술이니 조금 더 안전성을 검증할 필요가 있지 않을까요?

그렇게 말하다가 벌써 수십 년이 넘게 검증을 거쳐 왔는데, 아직도 두고 봐야 한다는 사람들이 많지.

수십 년….

1989년에는 GM 연어가 개발되었어. 일반 연어는 겨울에 성장을 멈추지만 근연종인 오션파우트라는 물고기는 겨울에도 성장했거든.

그 물고기의 성장호르몬 유전자를 연어에 도입해 GM 연어가 만들어졌지. 달리 크게 바꾼 것도 없어서 금방 판매 허가가 날 것이라 기대되었지만, 온갖 잠재적 위험성, 검증 기간의 부족, 심지어는 윤리적인 문제 등 등의 이유로 미뤄지다가 26년이 지난 2015년에야 허가가 났어.

지금은 세계보건기구(WHO), 국제생명과학회(ILSI), 식량농업기구(FAO)등 여러 기관에 의해 GMO 식품의 안전성 평가 절차가 확립되어 있고, 그 평가를 통과해야 비로소 상업적으로 쓸 수 있지.

이미 여러 GM 작물이 오랜 시간에 걸쳐 안전성을 확인받고 상용화되었다고.

GM 연어는 최초의 GM 동물이다.

그리고, GMO는 자연에 없던 인공적인 기술이라고 했지?

그런데 그 GMO마저도 자연에서 모방해서 가져온 거야.

예….

?!

자연에는 '수평적 유전자 이동'이라는 현상이 있지.

보통 유전자는 부모에서 자식에게 수직적으로 이동하는데,

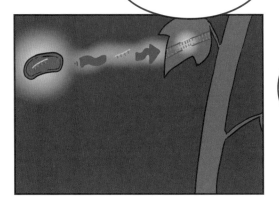

세균이나 바이러스 등을 통해서 유전자가 직접 다른 미생물이나 식물, 동물에게 전이되기도 하거든.

세균 간에는 플라스미드 DNA를 이용해 쉽게 이동하고,

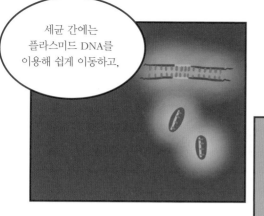

바이러스도 어떤 놈들은 스스로 유전자를 복제할 수 없어서 다른 세포의 DNA에 자기 유전자를 끼워넣기도 해.

레트로 바이러스

유전자를 조사하다 보면 원래 이 생물 계통의 것이 아닌 다른 생물에서 발견되는 유전자가 뜬금없이 끼어들어 있는 경우가 종종 있거든.

그리고 이렇게 자연스럽게 끼어든 유전자가 극적인 변화를 가져온 대표적인 GM 식물이 있는데,

?!

그게 바로 고구마야.

든든

본래 고구마는 여위어서 식량으론 별 쓸모가 없었지.

그런데 아그로박테리움으로부터 유래한 미생물 유전자가 끼어들면서 통통한 덩이뿌리에 많은 녹말이 저장되는 작물로 변했어.

식물에 있을 리 없는 박테리아
유전자가 삽입되어… 어떤 위험한 물질이
합성될 지도 모르는… 사악한 프랑켄슈타인
유전자 변형 식물…. 설마 그런 걸 입에
대진 않았겠지?

……

그건 자연적으로
박테리아가 옮겼지만,

실제 GMO를
만들 때는 돌연변이를
일으키기 위해 방사선도
무분별하게 쐰다는데?

GMO 얘기를 하는데
왜 돌연변이가 나올까?

?

신품식인 ~~육~~똥 ~~품~~좀~~새~~탕에서는
약품을 넣어 염색체 분리를
억제하거나, 혹은 방사선을 조사해서
돌연변이를 일으켜 무작위로
형질의 변화를 꾀하지.

방사선 조사 기법은
주로 화훼 업계에서
쓰인다.

그런가…?

오히려 제한효소나
크리스퍼를 이용해 GMO를
만드는 기법이야말로 세균과
바이러스에서 유래한 자연
기술이라고.

?!

특히 크리스퍼,
유전자 가위는 지금까지의
제한효소와는 격을 달리하는
혁명적인 기술인데,

원래 크리스퍼는 냅다
자기 DNA를 끼워넣는
바이러스에 대항하기 위해
세균이 가진 효소야.

우선 그 바이러스의
DNA 정보를 저장해두고 가이드
RNA를 만들어서 그 정보에
일치하는 DNA를 잘라내지.

이 가이드 RNA를 이용하면
원하는 DNA 서열을 손쉽게
찾아내 편집할 수 있어.

유전자 편집이
자연…?

반면 전통적인
농업 기술은 과연
'자연'적인 기법일까?

과일나무를 기를 때
흔히 사용되는 기술인
'접목.'

병충해에 강하고 튼튼하게
자라는 나무의 가지를 잘라낸
다음 거기에 과일나무를 접붙여서
튼튼하게 기르는데,

이 과일나무야 말로
'프랑켄슈타인'이라는 말이 어울리는,
자연의 법칙과 신의 섭리를 거스르는
사악한 괴물 나무 아니냐?

자, 자연…
인공….

바나나 역시 야생의 바나나는 씨가 많고 억세서 식용에 부적합했고,

옥수수는 낱알이 적은 데다가 익으면 터져서 땅으로 흩어졌으며,

쌀도 원래는 검은색인 데다가 한 이삭에 그렇게 많은 낱알이 달리지도 않았지.

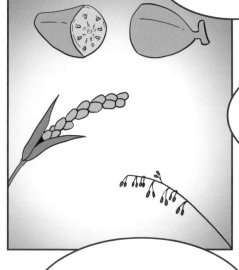

지금 우리가 일상적으로 먹는 식물들은 인위적인 선택, 교잡, 돌연변이가 없었으면 존재할 수 없었으며, 원래와는 완전히 달라져서 인간이 조성한 농경지를 떠나 야생에서는 생존할 수도 없지.

농경의 역사란 자연이 제공하는 그대로의 식물로는 감당할 수 없었던 인구를 부양하기 위해 자연을 인간의 필요에 따라 변형시키고 조작해온 역사 그 자체라고.

기존의 육종 기술은 원하는 형질이 나올 때까지 무작정 섞어대는 카드와 같은 방식이라고 할 수 있는데,

우선 뒤섞은 카드를 여러 번 뽑지.

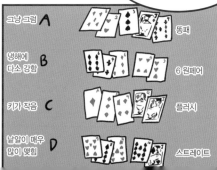

그냥 그럼 A · 똥패

냉해에 다소 강함 B · 6 원페어

키가 작음 C · 플러시

낱알이 매우 많이 맺힘 D · 스트레이트

원하는 형질의 자손끼리 다시 교배시켜서 더욱 좋은 형질을 가진 자손이 나올 때까지 계속해서 교배·선택을 반복하는 형식이야.

C → D

하트 스티플

키도 작고 날알도 많이 맺힘

근데 이 방식으로는 유전자가 어떻게 뒤섞이고 어떤 돌연변이가 발생하는지 예상할 수 없다는 문제가 있어.

옛날에 사라졌던 독성이 다시 발현되거나 없었던 알레르기 물질이 생기기도 하지.

이거 다이아 2 빼고 스페이드 에이스 가져오니라.

아니, 잠깐만! 낮짝에 철판 깔았냐.

반면 GMO 기술은 카드를 펼쳐놓고 원하는 것을 그냥 빼거나 더해서 좋은 패를 만들어내는 방식이야.

......

즉, 오히려 GMO가 기존의 육종에 비해 유전자 변형이 훨씬 적지. 원하는 유전자를 더하거나 뺄 뿐이니까.

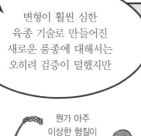

변형이 훨씬 심한 육종 기술로 만들어진 새로운 품종에 대해서는 오히려 검증이 덜했지만

뭔가 아주 이상한 형질이 생기진 않았을까요?

GMO는 상대적으로 경계되고 있기 때문에 훨씬 길고 엄격한 검증 과정을 거치게 되어 있지.

그렇게 안전성이 입증된 품종만이 현재 상업적으로 생산되고 있고.

유전자끼리의 예상치 못한 상호작용으로 위험한 단백질이 생성되진 않았나!?

알레르기 물질이나 독성이 생겼을 가능성은?!

생태계 교란의 위험은 없는가!?!

GMO 개발 기술도 결국 육종과 마찬가지로 품종개량의 한 도구일 뿐이야.

이를테면 식칼로 사람을 찌를 수 있다고 해서 과연 식칼이 무작정 금지되어야 할까?

지금처럼 철저한 검증을 거친다면 오히려 육종 기술보다 리스크는 적으면서 다양한 형질을 쉽게 만들어 낼 수 있어서 좋지.

그나마도 지금 상용화된 GMO는 두 가지뿐이야.

한 가지는 글리포세이트를 소재로한 제초제 라운드업에 내성을 가진 작물이고,

다른 하나는 해충에 저항성을 가진 BT단백질을 생성하는 작물이지.

이번 GMO 편은 최낙언 선생님의 책
『GMO 논란의 암호를 풀다』(예문당, 2018)에서
많은 도움을 받았습니다.

어쨌거나 글리포세이트는
농약이기 때문에 당연히 엄격하게
관리되어야 하고,

다른 농약들처럼
농산물 잔류 기준을 만족시키지
못하면 출하될 수 없지.

그나마 다른
제초제에 비해 독성은
훨씬 낮은 편이다.

유럽, 한국, 일본 등은
미국보다 더욱 엄격하고
낮은 허용량 기준을
적용해서 관리해.

글리포세이트의 위험성은
상당히 부풀려졌다고 할 수 있다.

그리고 허용된 또 하나의
GMO 작물에 관해서 이야기하자면,
여기서 BT단백질은 원래 무농약 친환경
재배에서 해충을 없애기 위해 쓰였어.

그런데 BT균의 단백질 생성 유전자를
추출해 옥수수에 집어넣어서, BT균을
뿌릴 필요 없이 아예 옥수수가 직접
그 단백질을 만들도록 바꾼 거야.

BT단백질은 pH 12의
강염기 상태에서 활성화되는데,
곤충의 소화관이 그런 강염기
환경이거든.

만약 문제가 있었다면 이미 이 GM 작물을 섭취하는
대부분의 가축들에게서 심각한 문제가 발생했을 것이다.

반면 인간을 포함한
포유동물들의 소화기관은
산성 내지는 중성이기 때문에
이 단백질이 활성화되지 않지.

그래도 잠재된 위험성이 있을 수 있기에
오랜 시간의 검증을 거쳐 상용화되었다.

이처럼 이미 상용화된
GM 작물들은 엄격한 평가를
거쳐 전 세계에서 대대적으로
소비되고 있다고.

음….

그런데도 현실을 외면한 채 편향된 실험
몇 건에만 주목해서 위험성을 주장하는
괴담들에 과연 어떤 의미가 있을까?

251

유사과학 탐구영역

79. 허위·과장에 대하여

이 만화는 특정 기업이나 상품을 특정하여 서술하거나 묘사하지 않습니다.

수백 개의 나라로
나뉘어 끊임없이 다투던
춘추전국시대의 중국.

전국칠웅이라 불리우던
강성한 일곱 나라 중에
중국 대륙을 제패한 것은
시황제(始皇帝)의
진(秦)나라였다.

무소불위의 권력을 휘두르던
시황제였지만 그도 사람인 이상
수명에 끝이 있었고,

다가오는 죽음의 공포는 천하를
통일한 시황제에게도 예외가
아닐진대 이를 교묘하게 이용한
서복(徐福)이라는 자가 있어,

광고에서는 엄청난 효과가 있다,

해독을 해주고 항산화 작용으로 노화를 막아주고 건강을 좋게 해준다, 안 먹으면 안 된다! 이러거나,

미세먼지도 없애주고 음이온은 건강에 이롭다, 그렇게 이야기할 뿐만 아니라 효과를 봤다는 체험담이니 사용 후기가 밑도 끝도 없이 쏟아져 나오는데…,

한철만 지나면 그런 소리가 쏙 들어가고 없어요! 게다가 실제로 써보면 결국 효능이 있는지 없는지 그냥 그렇고!!

효과를 봤다는 그 많은 사람은 다 어디갔는지!

근데 정말로 거짓말이라면 과장광고나 허위광고로 신고당해야 되는 것 아닌가요?!

뭐, 미국에서는 어떤 상품에 건강 효능이 있다고 표시하려면 확실한 과학적 근거를 가지고 복잡한 인증을 거쳐야 하지.

석류주스나 해독주스에 '노폐물 배출' 효과를 표기한 업체에 FDA에서 '의학적 근거가 없다'며 과징금을 부과하고 표기를 삭제하라는 명령을 내렸다.

발바닥 패치 또한 FDA에서 '중금속과 노폐물을 제거한다는 근거가 없다'며 벌금을 먹이고 경고 및 삭제 명령을 내렸다.

반면 우리나라는 아직
이런 허위 유사과학 상품들을
처벌하는 수위가 낮고 제도가
미흡한 편이기 때문에,

지난 수십 년간 아무 근거가 없다고
계속 문제시됐던 '음이온 광고'도
최근에 라돈침대 사건이 터지고서야
간신히 금지되었고.

해독이니 노화 방지, 항산화,
면역력 같은 문구들이 아무런
검증도 없이 버젓이 광고에
쓰이고 있지.

…….

그러니 소비자가 알아서
조심하는 수밖에 없어.

그런데
피한다고 해도,

다들 과학을 잘 알지는
못하니까… 뭔가 알기 쉬운
기준이 있으면 좋겠는데요.

제일 간단하게 말하자면,
물건을 설명하는데 '효능'이라는
두 글자가 들어간 건
모조리 거르면 된다.

고등학교 공통과학 지식만 있으면
대부분 판단할 수 있을 듯한데…
지금껏 나도 그 정도 수준에서 설명을 해왔고.

1. 기존의 다른 제품에는 없는 이 상품만의 굉장하고 비범하며 특별한 효능을 강조한다.

그 말이 진짜인지 과장하는 건지 어떻게 판단해야 하죠?

다른 제품에는 없는 굉장한 효능을 가진 상품은

정보가 불균형하고 대량생산이 힘들었던 고대나 중·근세라면 모를까 현대에는 나오기 어렵거든.

오늘날엔 어떤 혁신이 일어났을 때 그게 업계 전체에 퍼지는 데에 그렇게 오랜 시간이 걸리지 않아.

그래서 '그렇게 굉장한 효능을 가졌는데 왜 대중화되지 않았는가'라고 생각해보면 어느 정도 기준을 세울 수 있겠지.

해독주스나 발바닥 건강패치 같은 디톡스 제품들이 정말로 독소를 배출해준다면

왜 진짜 '독소'로 고생하는 신장질환 환자들은 아직도 고통스럽게 투석기를 사용하며,

스티커 하나가 전자파를 차단해준다면 뭣하러 정밀 전자기기들이 외부 간섭을 피하기 위해 공을 들여 차폐를 하는지 등등.

수소수에 정말로 항산화, 항암 효과가 있다면 왜 의료용으로 널리 쓰이지 않으며,

전자파 차단 선인장 하나 갖다 놓으면 끝인데 왜 시간과 돈을 들여 설계하고 '전자파적합성' 인증을 받는지….

2. 기존 체계나 상품을 공격하여 불신과 공포를 조장한다.

주로 천연이니
자연 성분을 찾아.

…!!

기존 상품들은 대량생산을 위해
몸에 나쁘고 자극적인 화학물질을
무분별하게 사용하고 있다며
나쁜 인상을 주거나.

주로 살균·항균제를
그렇게 광고한다.

실제로는 그다지 크지 않은
위험을 대단히 과장해서 그 위험을
막기 위해 자사의 상품을 써야만
한다는 식으로 몰아가지.

오호.

합성 계면활성제는
위험하다며 천연 세제를
광고하거나.

기름때 제거 능력이
거의 없으며 단순히 마그네슘이나
칼슘이 포함된 염기성
세탁볼을 판다든지.

세척력이 같다면
위험성도 같을 수밖에
없는데도.

MSG의
위험성을 강조하며
'천연' 조미료를
판매하거나,

MSG는 소금보다도
안전한 조미료다.

인공·합성 정제염에는
미네랄이 전혀 없다며
천일염을 팔아치우지.

천일염은 위생상의 문제 때문에
오히려 더 위험할 수 있다.

만약 그들이 주장하는 대로
기성 상품들에 그런 심각한 문제가
있었다면 이미 사고가 터졌어도
수십 건 터졌겠지.

그런 '공장제 대량생산품'이
무난하게 별 문제 없이
오랜 기간 사용되어 왔다는 사실에서
이미 안전성은 증명된 거라고.

게다가 대량 생산·판매되는
품목들은 철저한 검사를 통과해야
하기 때문에 별 검증 없이
유통되는 수제 혹은 천연 상품보다
오히려 안전성 면에서는 신뢰할 수 있다.

즉, 대중적으로 많이 쓰이던 제품을 계속 쓰는 게…?

'안전'을 따진다면 그게 낫다는 말이지.

당연히 알레르기 등으로 인해 개인적으로 받지 않는 상품은 피해야 겠지만.

1. 특이하고 대단하다는 효능이 정말로 있다면 이미 대중적으로 널리 이용됐을 것이며,

2. 기존에 오랫동안 쓰인 제품에 위험한 요소가 있었다면 이미 사고가 터져 예전에 사회적으로 사장되었을 것이다, 그런 말이지.

그래서 한마디로 결론이 뭐야?

산(山)은 산(山)이요, 물(水)은 물(水)이다!!

유사과학 탐구영역

80. 사람들이 원하는 것

이 만화는 특정 기업이나 상품을 특정하여 서술하거나 묘사하지 않습니다.

인류가 우주로 진출해 달에 발자국을 찍은 지 벌써 50년.

바야흐로 이성과 논리에 대한 인류의 열망은 결실을 맺기 시작했으며 미신, 거짓, 불합리를 몰아내면서 계속해서 이 세상을 더욱 나은 곳으로 만들어가고 있다….

어렸을 때는 그렇게 생각했는데, 생각 외로 세상은 그다지 바뀌거나 나아지지 않았는지도 모른다.

지방을 녹인다는 다이어트 보조제, 입으로 섭취해서 소화기를 뚫고 미토콘드리아 사이로 비집고 들어가 활성산소를 제거한다는 항산화제.

키를 키워준다는 성장호르몬제….

어떻게 21세기에 이런 제품들이 버젓이 팔리고 있는 걸까?

병을 치료하고, 나아가 병을 피하고, 몸을 건강하게 유지하는 것이야 말로 동서를 막론하고 모두가 이루고자 하는 꿈이라 할 수 있다!

비합리, 비이성, 미신보다는 과학과 의술의 발전이 인류의 평균수명을 늘리는 데에 기여했잖아요?!

그런데 어째서 그런 유사과학 건강 상품이 여전히 횡행하는 거죠?

과학? 의술의 발달? 과연 사람들이 그게 지금의 평균수명 연장에 도움을 줬다고 느끼고나 있을까?

오히려 질병의 전파를 최전선에서 막아주고 있는 예방접종조차도 모함의 대상이 되며,

백신을 맞으면 안 된다고 주장하는 집단들을 직접 보지 않았나?

크윽….

그렇다면 그 화타가 맞은 최후도 알겠군!

그건…

삼국지연의에 따르면 조조가 두통을 고쳐 달라며 화타를 불렀지만,

아니, 이 정신 나간 노인네야. 뭐?! 도끼로 머리통을 쪼개?!

내가 천하의 머리통을 쪼갤지언정 천하가 내 머리통을 쪼갤 수는 없어!!

∞??

화타가 뇌를 직접 수술해야 한다고 하자 자신을 암살하려 한다고 의심한 나머지 처형했고,

정사에서는 화타가 조조의 초청에 응하지 않자 괘씸하게 여겨져 투옥당해, 옥중에서 사망했다고도 하죠.

잘 아는군. 어느 쪽이든 당대 최고의 의술을 가진 신의에게 걸맞은 최후는 아니었네. 반면 같은 시대에 민중의 절대적인 지지를 받았던 '장각'이라는 자가 있었네.

그는 모든 병은 스스로가 지은 죄에 대한 하늘의 벌이라고 주장하면서, 아침저녁으로 하늘에 제사를 지내며 부적을 태운 물을 마신다면 죄를 용서받고 병을 고칠 수 있다고 했지.

그 영험함에 수백 만이나 되는 백성들이 그의 아래에 모여들었고 마침내 민중의 압도적인 지지를 등에 업고 국가에 반란을 일으키게 되는데, 그것이 바로 황건적의 난이지.

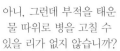

아니, 그런데 부적을 태운 물 따위로 병을 고칠 수 있을 리가 없지 않습니까?

하지만 병이 나았다면 정말 부적이 용하여 나았을 것이라 생각할 테고,

낫지 않았다면 자신의 정성이 부족했기 때문이라고 생각할 거라네. 그것이 사람의 본성이지.

현대에도 완전히 마찬가지 아닌가?

의사의 처방으로 병이 낫는다면 그걸로 그만이지만, 치료에 실패한다면 그것은 온전히 의사 탓이며 현대 의학이 불완전하기 때문이라 말하지.

거기다가 의사의 처방이나 치료는 때때로 독한 약의 부작용이나 수술 등의 힘든 과정을 감내해야만 하는데…,

그에 반해 가짜 건강 상품들은 훨씬 간편해!!

고대에는 부적 태운 물이나 묘한 가루약을 먹기만 하면 병이 낫는다고 생각했지.

오늘날에는 음이온이 나오는 게르마늄 원석을 곁에 두거나 슈퍼푸드를 꾸준히 먹으면 건강해진다고 광고하고.

돈 몇 푼만 내면 손쉽게 건강이 보장된다는 것일세!!

거기다가 의사들의 조언은 대부분 뻔하거든.

적당한 운동과 영양 섭취, 그리고 예방접종과 건강검진에 신경 쓰는 것이 건강의 유일한 지름길이죠.

그런 뻔한 걸 누가 모르냐?!

뻔하달지… 당연한 거잖아요?

그렇지만 약장수들은 달라!

신비한 물질을
꾸준히 섭취하면 항산화, 해독,
노화 방지, 면역력 증강 등등의
효과를 누릴 수 있습니다!!

논문도 있고요(신뢰성이 전혀 없는),
FDA 인증도 있고요(단순히 식품 안전성만 검증한).

그래, 이런 걸
원했어!!

그런데 그런 상품들이
실제로 병을 치료하는 건
아니지 않습니까?

치료 효과가 있고 없고는
중요하지 않다네. 별 효과도
못 보면서도 계속해서 차례차례
다른 가짜 건강 상품들을 사 모으는
사람이 얼마나 많던가?

당장 그런 상품을
손에 넣자마자 바로 욕구가
충족된다는 점이 중요하다네!

바로 '신비한 효능'을 원하는
욕구에 대한 충족이지!!

흑사병이 유럽을 휩쓸던 때,
비록 세균학 지식은 아직 없었지만
의사들은 경험을 바탕으로
의료 활동을 했지.

전염원인 쥐와 고양이를
차단하고 병자의 물건들을
소각하거나 생석회로 지역을
소독했지만,

정작 대중들의 지지를
얻고 널리 받아들여진 것들은
별 효과 없는 허브 요법이나
브랜디의 복용,

'체내의 균형을 맞추어
병을 치료한다'는 철학에
입각한 방혈술이었어.

즉, 사람들이 진정으로
원하는 건 합리적으로 이해
가능한 의료적 처방이 아니라
이해가 닿지 않는 신비로운
비약일세.

인간의 본성이
합리(合理)보다는
신비(神秘)에
끌린다는 증거지.

서양의 연금술이 그러했고
동양의 연단술도 그런 신비한
힘으로 장수를 얻고자 했지.

신비한 도교적 비술로 주사(朱砂)를
정제하여 빚어진 금단(金團, 환약)이
영생을 가져다 주고 신선이 되게
한다며 고대 황제들이 오랫동안
복용하기도 했다네.

'주사'라면 주성분은
황화수은일 텐데요…?

그래. 당시 황제들은
수은중독 때문에 10년 이상
제위에 앉은 경우가 드물 정도로
전부 단명하고 그랬어.

그런데도 인류가 합리와 이성을 추구해왔다고 생각하나?! 그래도 현대에 들어서는 좀 달라졌다고 생각하는가?!

과학적으로 사고하는 건 일부에 지나지 않아!!

대부분의 사람들은 스스로 판단하지 않고 다른 사람이 '효과가 있다'고 말해주는 것들을 무비판적으로 수용할 뿐이야.

크윽…

인간의 본성은… 합리와 이성….

분자생물학, 유전학을 통해 게놈 정보를 해독하고 데이터베이스화 하는 등 생명체의 구조와 작용을 설계도부터 분석·확인하게 되면서,

인간은 신비한 법칙과 조화에 의해 유지되는 존재가 아니라 단순히 생체분자로 조직된 정교한 기계에 지나지 않음을 계속해서 재확인당하고 있지.

이런 시대에 왜 사람들이 음이온, 항산화, 면역력 증강, 슈퍼푸드, 신비한 에너지, 음양의 조화, 우주적 에너지 같은…

과학적 사실이 아닌 신비로운 그 무엇에 의지하고자 하는지 아는가? 단순히 미신에 속는 거라고 생각하는가?!

민중이 진정으로 원하는 것은
차가운 과학과 의학을 바탕으로
실제 병을 치료하고 수명을 늘리면서
동시에 인간이 단순한 기계라는
사실을 재확인하는 게 아닌…!

비록 진짜 효과는 없을지라도
'신비한 효능'을 지녔다는 물건을
구입하여 만물의 영장이며 위대한
신에게 선택받은 특별한 존재로서
인간의 존엄성을 지키는 것?

만약 진정 그러하다면,
미죽의 뜻은 고대부터
곧 하늘의 뜻이라고 하였다!!

그런 고차원적인 욕구는
무시되어야만 하는가?

실제 과학·의학만이 의미를
가진다고 생각하다니, 이 얼마나
오만한 자세인가!!

민심(民心)이
곧 천의(天意)라면…!!
하늘의 뜻은
곧 천명(天命)!!
그렇다면 애초부터 천명이란
푸른 하늘[蒼天: 합리론적 세계관]이
아닌, 누런 하늘[黃天: 신비론적
세계관]에 있었던가!!
저…

여러분 안녕하세요, 계란계란입니다! 이번에도 이 책을 골라주셔서 감사합니다. 총 4권으로 『유사과학 탐구영역』이 완결되었습니다. 긴 여정이었네요. 첫 번째 에피소드인 「미세먼지 흡수식물」에서부터 수소수, 음이온, 토르말린이니 게르마늄 등등 잘못된 과학을 앞세운 상술들, MSG나 전자레인지, 선풍기에 관한 근거 없는 괴담들, 그리고 예방접종이나 GMO 같은 사회문제와도 얽혀 있는 것까지, 80화에 이르는 동안 대표적인 유사과학들을 한 번씩 다뤄보았습니다.

만화 구성상 다소 가볍고 쉬운 소재들을 먼저 다루다 보니, 마지막 권에서는 사이비과학을 반박하는 데 관련 지식이 어느 정도 필요한 무거운 소재들이 중심이 되었습니다. 그만큼 그림에 비해 글자의 비중이 더 늘어나버렸군요…. 가능한 한 재미와 지식의 균형을 잡으려고는 했지만, 이번 4권에서 아무래도 지식 전달 쪽에 조금 더 무게추가 더해지는 것은 어쩔 수가 없었습니다.

옛날에 사람들은 21세기가 되면 인류가 더더욱 발전하여 이성의 시대가 열리면서, 하늘을 나는 자동차와 번쩍번쩍한 미래도시가 들어선 SF 같은 세상이 올 거라고 생각했습니다. 하지만 여전히 장사꾼들은 이름 모를 풀뿌리가 신비한 비법의 약초라고 사람들을 속이며, 육각수, 수소수 같은 맹물이나 돌덩이에 불과한 광석 목걸이가 병을 고쳐주고 건강을 가져온다며 버젓이 팔고 있습니다. 인공·합성과 억지로 구분하여 '천연'이란 말을 내세운 공포 마케팅이며 수많은 거짓 정보가 범람하여 무엇이 진짜인지 알 수 없는 '정보공해'가 만연하고 있죠.

안전한 식품을 쉽게 얻을 수 있고 각종 예방접종으로 질병의 걱정을 덜 하며 평균수명이 길어진 시대에, 우리는 역사상 어느 때보다 먹거리, 첨가물, 백신에 대한 공포와 괴담에 시달리고 있습니다. 소위 '슈퍼푸드'들이 정말 광고대로 독소(?)를 빼주고 신체의 영양 균형을 맞추며 나아가 면역력(?)을 강화하면서 병까지 낫게 해준다면, 어째서 병원에서는 환자에게 그런 자연·천연 음식들을 권하지 않고 무시무시한 화학·인공 약재들을 처방해줄까요? 정보공해 속에서 올바른 답을 찾는 데에 『유사과학 탐구영역』이 조금이라도 도움이 되었으면 좋겠습니다.

이 책이 세상의 빛을 볼 수 있도록 도와주신 뿌리와이파리 출판사 관계자분들, 그리고 지난 4년간 〈유사과학 탐구영역〉 웹툰을 사랑해주시고 이 책을 사주신 수많은 독자 여러분께 정말 감사드립니다. 다음에도 좋은 작품으로 찾아뵐 수 있도록 노력하겠습니다.

감사합니다!